KB263535

국내외 전기자동차 산업관련 시장분석보고서 2023개정판

저자 비피기술거래 비피제이기술거래

㈜ 비티타임즈

1 서론

1. 서론

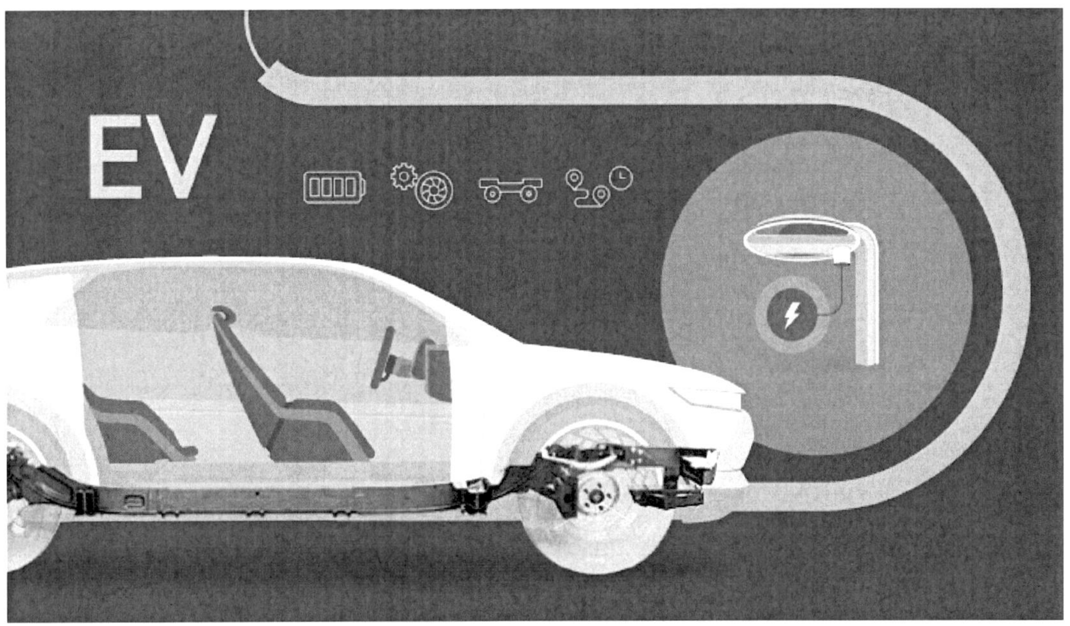

[그림 2] 전기자동차

  최근 몇 년간 더욱 심화된 온난화 현상에 따른 전 세계적 이상 기후, 대기오염 문제, 화석 원료 자원 고갈 등 환경 문제들이 크게 대두되고 있다. 이에 따라 전 세계 주요국들은 환경, 연비 및 안전에 대한 규제를 강화하고 있으며 생산기업들도 내연기관의 효율성 제고를 위해 다양한 무공해 친환경 자동차 개발에 박차를 가하고 있다.

  전기자동차는 이러한 무공해 자동차의 한 종류로, 전기를 동력원 삼아 운행되는 자동차다. 현재 각 국의 노력으로 전기자동차 판매량은 계속 증가하고 있으며, 이러한 성장세는 지속되어 2025년 1,000만대, 2030년 2,800만대, 2040년에는 5,600만대 이상의 전기차가 판매될 것으로 예측된다.

  본 보고서에서는 전기자동차에 대한 개념과 전기자동차의 성장요인, 시장 동향, 기술 동향, 특허 동향 등을 통해 전기자동차 산업의 미래를 전망해보고자 한다.

2 전기자동차 개요

2. 전기자동차 개요
가. 전기자동차의 개념[1]

그린카란 지식경제부의 「환경친화적자동차 개발 및 보급 촉진에 관한 법률(이하 환경친화차법)」에 의거한 환경친화적자동차(이하 환친차)로서 에너지 소비효율이 높고 저공해 기준에 적합한 "전기자동차", "태양광자동차", "하이브리드자동차" 또는 "연료전지자동차"로 규정하고 있다. 그리고, 2009년 5월 21일 「환경친화차법」 개정에 의해 "클린디젤자동차"와 "천연가스자동차"를 환경친화적자동차 범위에 포함하였다.

구분		개념
전력 기반차	전기자동차	배터리와 전기모터의 동력만으로 구동이 되는 차
	하이브리드자동차	내연기관 구동 시 발생하는 전기나 외부로부터 전기의 충전 및 활용이 가능한 자동차
	플러그인하이브리드자동차	전기모터와 내연기관 병행장착으로 외부로부터의 전기 충전이 가능한 차
엔진 기반차	연료전지자동차	연료전지를 활용하여 수소와 산소반응으로 전기를 생산하여 구동되는 자동차
	클린디젤자동차	유로5 이상의 저공해 수준을 만족하고 CO_2 규제에 대응 가능한 초고효율 디젤자동차
	천연가스자동차	천연가스를 동력원으로 사용하는 자동차

[표 1] 그린카의 종류와 개념

이 중에서 전기자동차란 전기공급원으로부터 충전 받은 전기에너지를 동력원으로 사용하는 자동차를 말한다. 전기자동차는 내연기관의 엔진을 대신하여 외부로부터 충전된 배터리의 에너지를 사용하는 전기모터만으로 구동되는 자동차로, 효율향상을 위해 전기모터와 엔진을 병행 사용하는 하이브리드자동차와는 구분된다.

하이브리드자동차는 기존 내연기관 자동차 대비 연비가 높고 공해물질 및 이산화탄소 배출량이 적은 것이 장점이며 별도의 충전인프라가 필요 없다. 플러그인 하이브리드자동차는 하이브리드자동차보다 대용량 배터리를 사용하여 전기를 주동력원으로 사용하며 외부에서 직접 배터리 충전이 가능하다. 특히, 전기자동차는 내연기관 없이 모터와 배터리로 구성되면 주행 시 오염물질 및 CO_2의 배출이 없는 장점을 가지고 있다.

---

1) 전기자동차산업 동향과 대구의 육성가능성 분석, 대구경북연구원, 2015

구분	하이브리드 (HEV)	플러그인 하이브리드 (Plug-in HEV)	전기차 (EV)	수소연료전지차 (FCEV)
구조 / 특징	엔진+모터 (보조동력)	모터로 주행 가능	모터만으로 주행	수소/산소로 전기 발생
	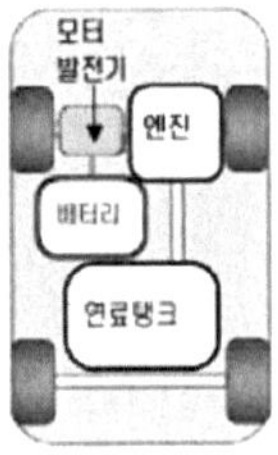 모터 발전기 / 엔진 / 배터리 / 연료탱크	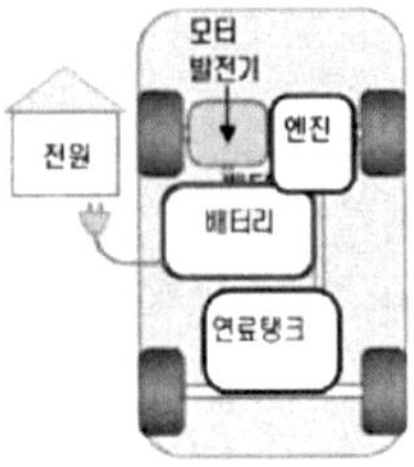 모터 발전기 / 엔진 / 전원 / 배터리 / 연료탱크	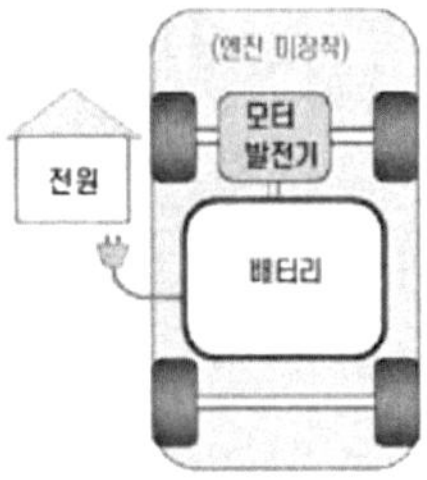 (엔진 미장착) 모터 발전기 / 전원 / 배터리	 (엔진 미장착) 모터 발전기 / 연료전지 / 보조배터리 / 수소탱크
	배터리 0.9~1.7 kwh	배터리 4~16 kwh	배터리 10~30 kwh	배터리 0.9~8 kwh

[표 2] 친환경자동차의 분류

나. 전기자동차산업의 특성[2]

 전기자동차는 화석연료를 사용하지 않고 외부로부터 충전된 배터리의 에너지만을 이용하여 구동되는, 배출가스가 없는 이동수단을 지칭한다. 전기자동차와 가솔린 자동차의 가장 큰 차이점은 사용하는 에너지가 달라 배출되는 오염물질 또는 현저한 차이가 난다는 점이다.

[그림 8] 전기자동차의 구조

1) 배터리

 배터리는 재충전이 가능한 2차전지가 이용되며 전기자동차의 성능.가격에 가장 큰 영향을 미친다. 배터리의 구성요소로는 베터리 셀, 모듈, 배터리관리시스템(BMS), 냉각장치 등을 들 수 있다. 세부적으로 살펴보면 배터리 셀이 모여 모듈이 되고, 모듈이 모여 최종 배터리 팩이 된다. 또한 배터리 셀은 양극, 음극, 전해액, 분리막, 덮개로 구성되며, 배터리 팩에는 배터리의 상태의 측정하고 통제하는 배터리 관리시스템과 냉각장치가 부착된다.

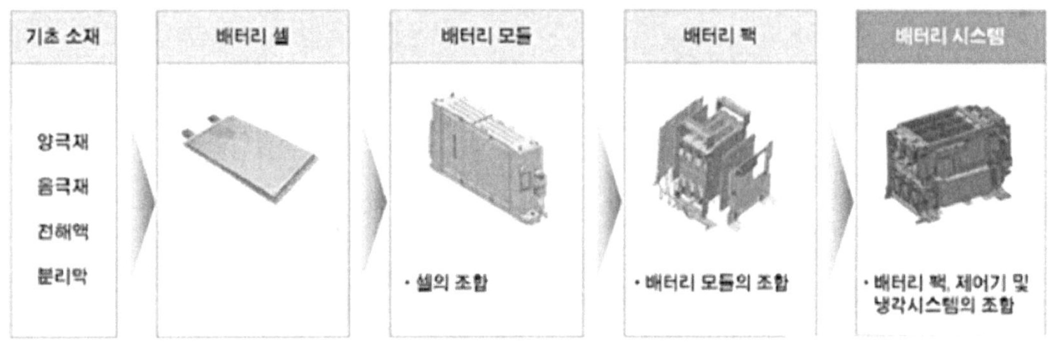

[그림 9] 배터리 구성요소

---

2) 전기자동차산업 동향과 대구의 육성가능성 분석, 대구경북연구원, 2015

전기자동차 시장의 성장의 관건은 배터리 가격과 용량 증가이며, 전기차 시장 성장 가속화를 위해서는 $200~300/kWh까지 하락해야 한다. 배터리는 전기차 생산원가의 가장 큰 비중을 차지하며, 전기차의 가격, 주행거리 등을 좌우하는 핵심부품이다.

구분	원형	각형	폴리머
전지의 형상			
특징	• 주로 it용도로 활용 • 최근 자동차용으로 사용대용량의 원형전지도 생산 • (~40AH)	• HEV 및 PHEV에 주로 • 사용 • 대용량에는 복수의 Jelly-roll를 사용	• EV 등의 대용량 전지에 적합 • IT, HEV~ESS 등 광범위한 응용 분야 • 낱장의 전극 적층방식 채용
장단점	• 고속대량 생산에 유리 • 저가격 • 취급용이 • 수명·안정성 취약 • 디자인 유연성이 없음	• 패키징 용이 • 취급용이 • 안전성 취약 • 많은 부품 수 • 디자인 유연성 낮음	• 디자인 유연성 • 적은 부품 수 • 고안전성 • 취급 난이 • 낮은 생산 속도

[표 3] 배터리의 종류

2) 구동모터

파워트레인은 동력전달장치로서 모터와 인버터, 컨버터 등으로 구성된다. 모터는 엔진을 대체하여 자동차 구동을 가능하게 하며 하이브리드 차량에 엔진과 같이 장착되어 엔진 보조 역할 수행한다. 인버터는 직류를 교류로, 컨버터는 교류를 직류로 변환해주는 역할을 담당한다.

구동모터는 전기를 이용하여 회전운동의 힘을 얻는 기계로서, 모터축에 감속기를 연결하여 적절한 회전력을 바퀴에 전달하여 자동차를 움직이게 하는 용도로 사용된다. 자동차용 전기모터는 사용전원 및 브러시의 유무에 따라 DC 모터(Direct Current Motor)와 AC모터(Alternating Current Motor), 브러시가 없는 BLDC모터(Brushless Direct Current Motor) 등으로 크게 3가지가 사용된다.

DC모터는 가장 광범위하게 사용되는 모터이나, 전력을 공급하는 카본막대인 브러시가 있어 마찰열이 발생되어 1~2년에 한 번씩 브러시를 교환해 주어야 하는 단점이 있다.

AC모터는 교류를 전원으로 하여 구동되는 모터로서, 가격이 비교적 싸고 수명이 길어 유지보수가 쉽다는 것이 장점이나 제어가 DC모터보다 어려운 것이 단점이다.

BLDC모터는 DC모터의 단점(브러시로 인한 마찰열)을 보완하여 만든 모터로서 모터베어링의 수명 기간에는 부품교체가 없어 오랜 시간 사용할 수 있고, 효율이 높아 다양한 출력의 모터가 개발되고 있으나, 가격이 높고 정격출력 1.2배를 넘기지 못해 정격출력 범위를 초과할 경우 모터에 열이 상승하는 단점이 존재한다.

3) 인버터/DC-DC 컨버터

인버터는 직류(DC: Direct Current) 전원을 자동차 주행을 위한 모터를 가동하기 위해 교류(AC: Alternative Current) 전원으로 변환해 주는 역할을 하는 전력 변환장치이다. 인버터는 각종 회로와 함께 입/출력을 위한 커넥터, 파워소자, 전기를 보관하는 커패시티 등으로 구성된다. 전기자동차에 사용되는 모터는 최대속도가 10,000rpm 이상 고속운전이 가능해 야하며, 회전력(Torque)에 대해 저속에서 고속까지 정밀제어가 가능해야 한다.

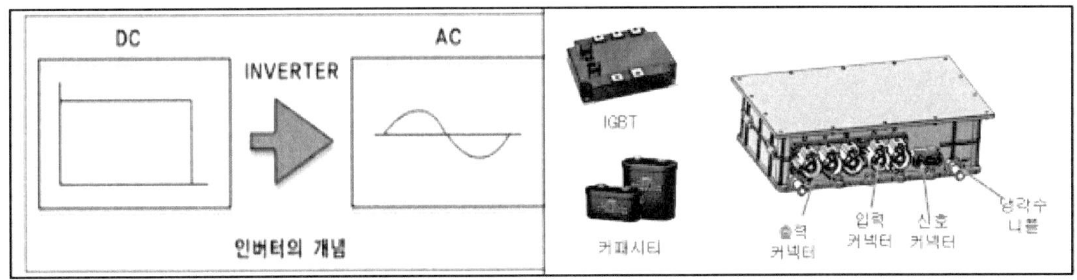

[그림 13] 인버터

4) 전력 반도체 및 제어모듈

PCU(Power Control Unit : 차량전력제어유닛)는 자동차의 주행상태 및 운전자의 의지를 판단하여 최적의 운행상태가 되도록 엔진 및 자동변속기를 통합 제어하는 장치로 인버터, 컨버터, 제어기 등을 구동 및 제어를 수행한다.

인버터의 가장 핵심부품은 전력용 반도체 스위칭 소자이며, 용량 및 스위칭 속도 등을 고려했을 때, EV 구동용 인버터의 전력용 반도체 소자로는 IGBT(Insulated Gate Bipolar Transistor : 절연 게이트 양극성 트랜지스터)가 가장 효율적이며, 현재 Mitsubishi(일본), Infineon(독일), Semikron(독일) 등의 업체에서 개발경험 및 제품을 보유하고 있다.

파워트레인 시스템 모듈은 여러 부품을 통합한 패키지 형태로 하이브리드 및 전기자동차의 핵심전장모듈로 시장잠재력이 매우 크며, 국내의 경우 현대모비스와 LS산전 등에서 제품개발 및 생산을 하고 있다.

5) 전기자동차 충전인프라 구성

충전인프라는 크게 전력공급설비, 충전기, 인터페이스, 정보시스템으로 구성된다. 전력공급설비는 전기자동차에 전원을 공급하기 위한 전기설비로서 전력량계, 인입구배선, 분전반, 배선용 차단기 등이 포함된다. 충전기는 전원을 단상220V로 공급 받는 완속충전기와 3상380V로 공급 받는 급속충전기로 구분된다.

인터페이스는 충전기에서 전기자동차에 전기를 공급하기 위해 연결되는 커플러, 케이블 등이 포함된다. 커플러는 충전케이블과 전기자동차의 접속을 가능케하는 장치로, 충전케이블에 부착된 커넥터와 전기자동차의 인렛(Inlet)으로 구성된다. 커넥터는 충전케이블에 부착되어 있으며, 전기자동차 인렛에 접속하기 위한 장치를 말한다. 인렛은 자동차커플러를 구성하는 부분으로서 전기자동차에 부착되어 충전케이블의 커넥터와 연결되는 부분이다.

충전정보시스템은 충전기의 설치 위치 및 이용 상태 정보 등을 실시간으로 수집하여 충전기 운영상태에 대한 실시간 모니터링을 말한다. 공공 충전시설 충전기(급속)는 전기자동차 충전기 능과 더불어 사용자 인터페이스, 충전전력량계, 사용자인식장치 및 통신단말장치를 설치하고 통신장치를 통해 「환경부 전기자동차 충전정보시스템」과 연계하여 운영되어야 한다. 또한 정보시스템과 설치된 충전기간 데이터 통신을 위하여 환경부에서 정한 통신규격을 준수해야 한다.

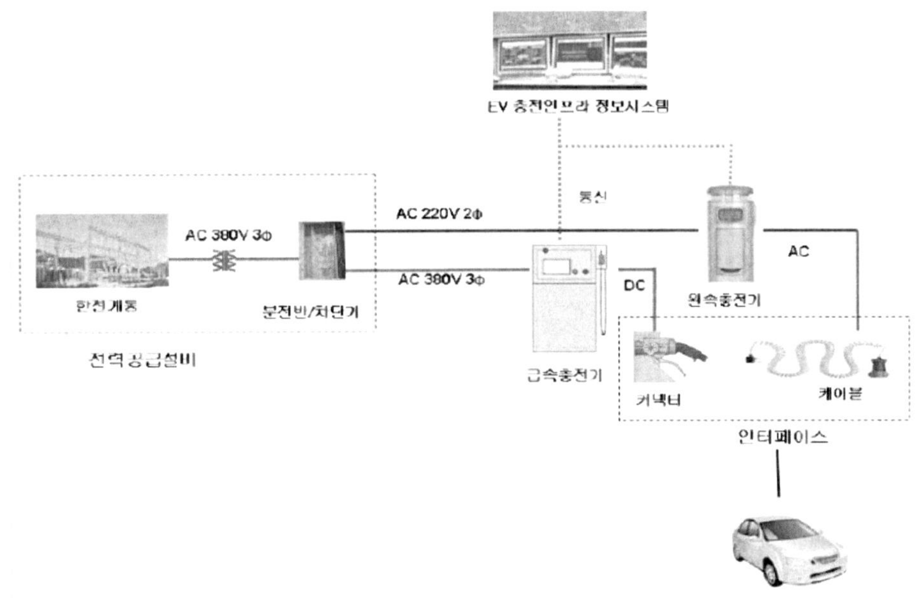

[그림 14] 전기자동차 충전인프라 구성

다. 성장요인[3]

 COVID-19 팬데믹이 시장에 미친 영향에도 불구하고, 전기차 시장은 장기적으로 견고한 성장세를 보일 전망이다. 2030년까지 나타날 BEV 및 PHEV 판매량의 상당한 변화는 소비자 인식, 정책 및 규제, OEM 전략과 기업의 역할과 같은 네 가지 요인에 기인한다. 이 네 가지 요인 모두가 COVID-19가 발생하기 이전인 지난 해에 상당히 바뀌었으며, 팬데믹 영향으로 더욱 큰 변화를 나타내고 있다.

1) 소비자 인식의 변화

 소비자 수요 증가가 전기차 시장 성장을 촉진하는 것은 당연하지만, 현재 소비자들이 완전히 전기차로 전환하지 않는 이유는 다양하다. 그러나 전기차 구매를 가로막는 각종 장애물이 빠르게 사라짐에 따라 전기차가 점차 현실적이고 실현 가능한 선택지 중 하나로 자리잡게 될 것이다. 또한, BEV에 대한 소비자 우려의 원인 대다수가 2018년 이후 사라지는 추세이다.

☑ 배터리 전기차에 대한 가장 큰 우려 사항

우려사항	미국	독일	일본	한국	중국	인도	동남아시아
[illegible]	20%	24%	15%	10%	22%	10%	13%
[illegible]	13%	12%	16%	9%	6%	12%	11%
[illegible]	2%	2%	2%	1%	4%	4%	3%
[illegible]	4%	2%	1%	2%	6%	5%	4%
[illegible]	10%	9%	8%	15%	11%	11%	11%
[illegible]	14%	14%	19%	26%	12%	23%	28%
[illegible]	8%	10%	19%	7%	5%	4%	6%
[illegible]	5%	4%	4%	3%	4%	6%	5%
[illegible]	9%	8%	6%	19%	16%	14%	11%
[illegible]	6%	10%	4%	4%	12%	8%	6%
[illegible]	3%	3%	1%	1%	3%	3%	2%

■ 최대 우려사항

주. 우려 비중의 합이 100%가 되지 않는 것은 기타 및 모른다 응답 비중이 표시되지 않았기 때문임
Q31. 배터리 전기차에 대한 가장 큰 우려 사항 무엇입니까?
·표본 수 중국=888, 독일=1,303, 인도=910, 일본=695, 한국=899, 동남아시아=5,249, 미국=974

그림 15 전기차 구매 시 소비자의 고려 사항 (2022년 기준)

---

3) 전기차 시장 전망 2030년을 대비하기 위한 전략, 딜로이트 인사이트, 2020

전기차에 대한 소비자 인식에 상당한 변화가 일어났다. 대부분 국가에서 소비자들은 연료비 절감에 대한 기대 혹은 기후 변화에 대한 우려 및 탄소 배출 감축 때문에 전기차 구매를 고려하고 있는 것으로 나타났다. 미국, 독일, 중국에서 주행거리는 여전히 주요한 우려의 원인으로 남아있고 일본은 가정용 충전기 부족의 우려가 컸다.[4] 그 외 국가에서 소비자들의 가장 큰 우려 요인은 충전소의 부족이지만, 이는 전기차가 점차 소비자들에게 현실적인 선택지로 자리잡게 되었으며, 소비자들이 전기차 구매를 고려하고 있다는 시사점을 내포한다.

몇 년 후에는 전기차로의 전환을 가로막는 다양한 장애물들이 사라질 것으로 예상된다. 전기차 주행거리는 이미 내연기관 자동차에 견줄 만큼 개선되었으며, 각국 정부가 제공하는 보조금 정책 및 유지 비용을 고려하였을 때 가격 또한 일반 승용차와 큰 차이가 없다. 또한 전기차 종류도 다양해지고 있다.

전기차 판매량이 계속해서 증가하고, 도로에서 더 자주 접하게 되며, 가족이나 친구의 전기차를 경험하게 됨에 따라 이러한 우려들은 불식될 것으로 보인다. 뿐만 아니라 상용 전기차(밴, 트럭, 대형 화물 트럭 등) 및 대중 교통용 전기차(전기 버스) 비중 증가가 우려 종식에 큰 역할을 할 것으로 보인다.

COVID-19로부터 회복을 위해 정부가 취한 조치들 또한 소비자 인식에 영향을 미칠 것이다. 1,460억달러 규모 경제 회복 정책의 일환으로 독일은 28억 달러를 전기차 충천 인프라에 투자하고, 모든 주유소에 전기차 충전소를 설치하는 법안을 발표했다. 이는 주행거리 및 충전소 부족을 우려하는 소비자가 많은 국가에서 엄청난 변화를 일으킬 정책이다. 중국도 비슷하게 COVID-19 회복 정책 중 하나로 378억 달러를 전기차 충전소 인프라에 투자하겠다고 밝혔다.

2) 정책 및 규제

전기차 구매를 지원하는 정부 정책 및 규제가 앞으로도 전기차 판매량을 견인할 전망이며, 이는 노르웨이의 성공 사례, 네덜란드에서의 판매량 급증, 중국 시장의 추세 전환을 통해서도 알 수 있다. 전기차 도입을 위한 지원이 이루어진 곳에서 경제적 이익 뿐 아니라 환경에 긍정적인 영향이 발생하면서 전기차 도입 확산이 추진되고 있으며, 전기차 확대는 2015년에 체결된 파리 협약과 같이 기후 변화에 대응하기 위한 필수적 조치 중 하나로 자리잡았다.

다음과 같은 정책 및 규제들이 전기차 도입을 촉진하고 있다.

---

4) Deloitte Insights(2022.02) 「2022 글로벌 자동차 소비자 조사 '세계주요국 중심으로」

가) 탄소 배출량 감소 목표

 탄소 배출량 관련 규제는 정부의 지속적인 점검 및 논의 하에 지역 별로 다른 양상을 보일 것이다. 최근 딜로이트 연구에 따르면 유럽은 새로운 이산화탄소 배출 감소 조치를 2021년 전면 시행할 예정인데, 이로 인해 절반에 달하는 자동차 생산 업체들에게 관련 벌금이 부과될 상황인 것으로 나타났다. 최근의 탄소 배출량에 기반해 추산해 보면, 해당 업체들은 2020년 5억 달러, 2021년 37억 달러, 산업 전체적으로는 390억 달러의 벌금을 내야 한다. 이러한 정부 개입은 OEM이 벌금과 평판 악화를 막고자 전기차 생산을 증가 시켜 탄소 배출량을 감소시키기 위한 방법을 모색하게 하는 등 전략에 영향을 미치고 있다.

나) 시내 진입 제한

 각국 정부는 공해에 대한 우려를 표명하며 노후 엔진 차량 소유자에게 운행 금지, 벌금 등을 부과하는 조치를 시행해왔다. 이후 더 많은 도시들이 마드리드, 멕시코시티, 로마, 시애틀이 시행한 조치의 뒤를 따랐다.
 암스테르담, 브뤼셀, 바르셀로나 모두 내연기관 차량 대수를 감소시키기 위한 조치를 시행했다. 영국의 여러 도시들도 제한 조치 및 무공해/저공해 지역을 지정하는 계획을 시행하였다. 전세계 도시들이 대기 오염을 해결하고 내연기관 및 개인의 차량 소유를 줄이기 위해 이러한 조치를 취하는 트렌드는 계속될 것으로 보인다.

다) 금전적 인센티브 지원

 상당수 국가에서 저탄소 배출 차량 구매 시 보조금 지원, 전기차 세제 혜택, 내연기관 차량 보유 시 세금 추가 부과 혹은 유지 등과 같은 금전적 인센티브 지원을 통해 전기차 전환을 유도하였다. 하지만 전기차 가격이 기존 내연기관 차량과 비슷한 수준에 이르면서 일부 정부는 이러한 인센티브를 축소할 방안을 모색해 왔다. 인센티브는 전기차 판매량에 상당한 영향을 미칠 수 있다.

 다만 COVID-19 이후 여러 국가에서 신차 구입을 촉진하기 위해 새로운 금전적 인센티브가 등장하였으며, 일부는 전기차 구매에 확실한 혜택을 주고 있다. 예를 들어, 독일 정부는 저탄소 차량에 대한 부가가치세를 일시적으로 19%에서 16%로 낮췄으며, 45,000달러 이하의 전기차 구입에 대해서 7,000달러 가량을 지원하는 현재의 보조금 혜택을 두배로 증가시켰다. 프랑스의 경우, 전기차를 구매(50,000달러 한도)하는 개인 소비자는 이전의 7,000달러보다 증가한 약 8,000달러 정도의 인센티브를 지원받게 된다. 또한 기존에 보유하던 오래된 차량을 처분하고자 하는 소비자는 기존보다 2배의 가격을 받을 수 있는데, 이는 효율이 낮은 차량을 도로에서 사라지게 하기 위한 조치이다. 두 가지 조치를 통해, 기존 차량을 새로운 전기차로 대체하는 소비자는 최대 13,500달러의 혜택을 받을 수 있다. 한편 중국은 2020년 만료 예정이던 보조금 및 세제 혜택을 COVID-19 영향에 대응하는 경제 정책을 추진함에 따라 2022년까지 연장시켰다. 장기적으로, 금전적 인센티브 지원의 실효성은 팬데믹으로 인한 경기 침체의 회복 기조가 뚜렷해지고 정부가 유류세 세입 감소에 따른 조치 등 기타 문제 상황을 해결함에 따라 재고해야 할 필요가 있다.

3) OEM의 전략

 지난 몇 년 간, 주요 OEM 일부는 전기차 생산 및 판매에 대한 전략 계획을 발표하였다. 신규 모델이 발표되었고, 생산 목표량과 판매 목표량은 배로 증가하였다. 단기적으로, COVID-19로 일부 OEM이 현금 보유량을 유지하고 전기차 이외 분야로 투자를 선회하면서 상기의 목표 달성이 차질을 겪을 수 있다. 하지만 장기적으로 해당 전략들은 우선순위를 유지할 것으로 보인다. 이러한 투자 계획 및 목표는 향후 10년 동안 신규 모델 출시 가능성 및 생산 규모에 엄청난 변화를 일으킬 것으로 보인다.

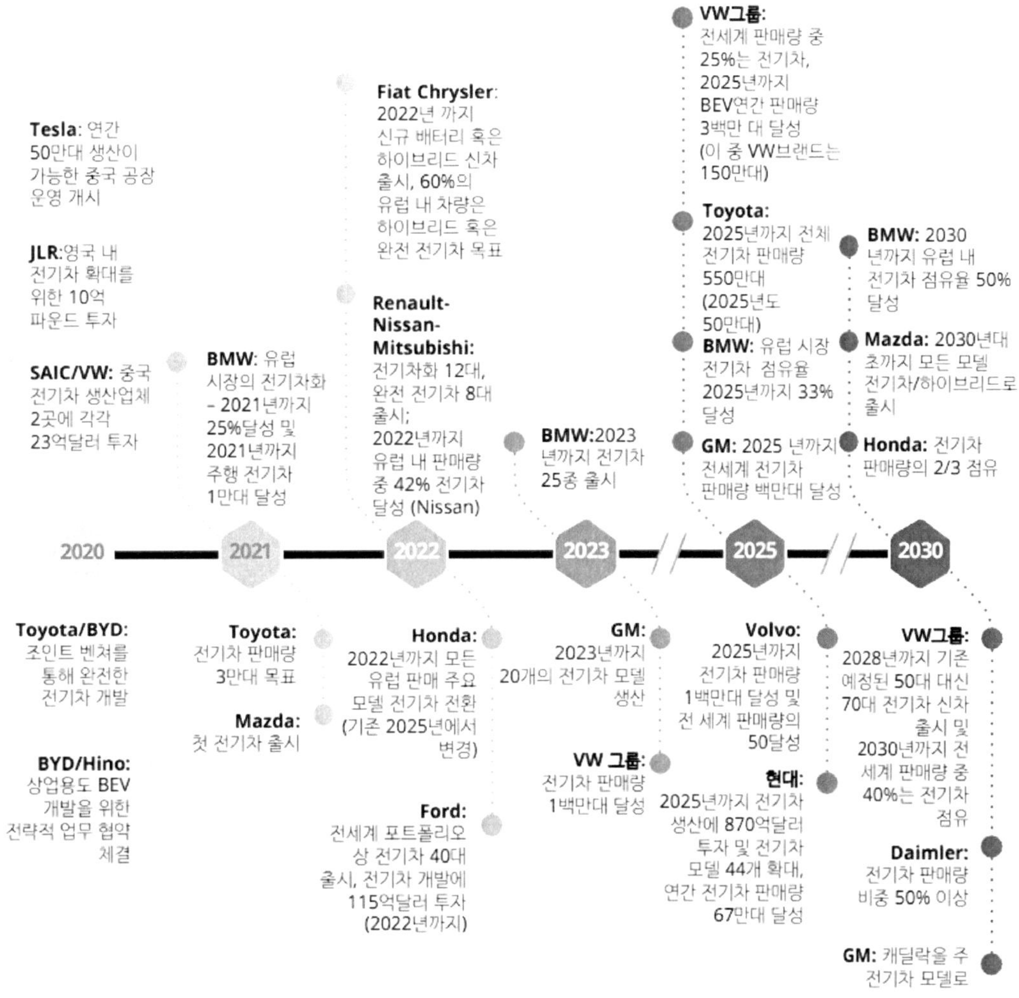

[그림 16] 전기차에 대한 OEM 전략 타임라인

가) 신규 모델 출시 가능성

최근 기업들이 발표한 내용에 따르면, 향후 10년 간 출시될 전기차 모델 숫자는 과거 예측치보다 더 많아질 것으로 보인다. 유럽 교통 환경국(European Federation of Transport and Environment)에 따르면, 유럽에서 2020년 33개, 2021년 22개, 2022년 30개, 2023년 33개의 신규 모델이 출시될 전망이다. 이는 EU 국가에서 판매될 BEV 차량 모델이 2022년에 100가지를 넘고, 2025년에는 172가지에 달한다는 의미다. IHS Markit에 따르면 미국에서 2026년까지 43개 브랜드가 130종의 전기차 모델을 생산할 전망이라고 밝혔다.

나) 가격 합리성

전기차의 구입 및 유지 비용이 기존의 내연기관 차량과 비슷한 수준에 이르거나 오히려 절약하게 되는 효과가 발생하고, OEM이 탄소배출량 목표 달성을 위해 다양한 전기차를 출시하며 마케팅을 적극 펼치는 경우, 전기차 도입 속도는 더욱 가속화될 전망이다.
2022년 전기차 판매량의 가장 중요한 시사점은 배터리 기술 발전으로 전기차는 내연기관차 만큼의 운전 가능 거리가 증가했고 AI, 빅데이터가 접목된 전기차 제조부터 구매까지의 일련의 과정은 전기차를 합리적인 가격으로 만들어 소비자들에게 매력적인 선택지가 되기 충분했다. 하지만, 전기차의 전기를 생산하는 과정과 전기차 생산 과정에서 배출되는 이산화탄소는 전기차가 탄소 중립에 기여하는지에 대한 회의적인 시각을 낳았다. 폐배터리 내의 리튬, 코발트는 중금속 포함하고 있어 전기차가 친환경과 거리가 멀다는 회의적인 관점에 힘을 실었다.

폐배터리의 증가는 또 다른 신산업을 만들고 있다. 미국의 시장조사기관 얼라이드 마켓 리서치(Allied Market Research)는 전 세계 배터리 재활용 시장 규모가 2020년 111억 달러(약 14조2600억 원)에서 2030년에는 666억 달러(약 85조5800억 원)로 6배 이상 성장할 것으로 내다보았다. 이에 따라 전 세계적으로 다양한 기업들이 폐배터리 시장 점유를 위한 큰 행보를 이어 나가고 있다.[5]

4) 기업의 역할

앞으로는 전기차 도입을 지원하는 기업 역할의 중요성이 점차 커질 것으로 전망된다. 기업을 상대로 한 신차 판매량은 전체 자동차 판매량의 상당 부분을 차지한다. 일례로, 딜로이트는 2021년까지 서유럽 총 신차 판매량의 63%가 기업 구매로부터 발생할 것이라 예측한 적이 있다.

지난 몇 년 간, 기업의 운영 목표에서 목적의 중요성은 점차 높아졌으며, 상당수 기업들이 긍정적인 변화를 주도하며 스스로를 차별화하려 노력하는 추세이다. 기업에게는 이동과 관련된 요소들이 탄소배출량 감축을 실현할 수 있는 주된 방법이므로 점점 더 많은 기업들이 전기차로의 전환을 어떻게 추진할지 고민하고 있다.

---

5) smart city korea 해외스마트도시소식 '전기차 시장의 순항, 순환에 달렸다'

　기존의 기업 차량 운영 계획에 재편이 필요하다. 보다 다양한 모빌리티 선택지를 검토함으로써 탄소 배출 감축 뿐 아니라 비용 절감과 임직원 만족도 향상을 이끌어 낼 수 있어야 한다. 기업 차량에 대한 정부 세제 정책은 기업이 전기차 도입을 선제적으로 추진하도록 요구하고 있다.

　COVID-19 상황 속에서, 기업들이 지출을 줄이고 투자 우선순위를 변경하면서 영업용 차량에 대한 투자는 큰 폭으로 감소하였다. 전기차로의 전환 계획을 실행하기 전에 우선 기업 실적에 대한 전망치가 회복되어야 하고, 투자 자금 재유치가 필요하다. 또한 기업은 업무 방식 및 장소의 근본적 변화가 기업의 모빌리티 정책 구조에 어떤 영향을 미칠지 고려해야 한다.

3 전기자동차 시장 동향

3. 전기자동차 시장 동향

가. 국내 시장[6]

국내 2021년 전기차는 전년대비 71.5%인 9만 6481대가 증가 총 23만 1443대가 누적 등록됐으며, 2018년 대비 4.2배 증가했다. 전기차가 10만대 이상 등록된 국가로는 2020년 미국, 중국, 독일, 프랑스, 영국이고 2021년에는 한국과 노르웨이가 해당된다.

구분	2017년	2018년	2019년	2020년	2021년
총 등록차	22,528,295	23,202,555	23,677,366	24,365,979	24,911,101
친환경차	339,134	461,733	601,048	820,329	1,159,087
전기차	25,108	55,756	89,918	134,962	231,443

[표 4] 우리나라의 전기차 보급 추이(2017-2021년) (단위: 대)

지역별로는 경기도가 3만5000대, 서울이 3만3000대로 가장 많게 나타났다.

전체 등록된 자동차 중 전기차의 비중으로는 제주도가 3.7%(전체 자동차 65만대 중 전기차 2만4000대)로 가장 높게 나타났다. 이어 대구 1.2%, 서울 1.1%, 대전 1.0% 등의 순으로 1% 이상의 비중을 보였으며 전국 평균은 0.8%다.[7][8]

---

6) 미세먼지 저감, 전기차 수소차 어디까지 왔나, 경기연구원, 2020.02.19
7) BIZWORLD '지난해 전기차 신규등록 10만대... 자동차 등록대수 2491만대 돌파'
8) 워크투데이 '국내전기차 보급대수 20만대... 경기도3만5000대, 서울 3만3000대'

시·도	전기차 보급 현황
서울시	33,434
부산시	10,480
대구시	15,122
인천시	10,543
광주시	2,464
대전시	7,134
울산시	3,167
세종시	1,627
광주시	4,722
경기도	35,385
강원도	6,266
충청북도	6,801
충청남도	8,847
전라북도	6,286
전라남도	7,574
경상북도	10,013
경상남도	10,274
제주도	23,845

[표 5] 시·도별 전기차 등록 현황(2021년)

한국은 '미래자동사찬업 발전 전략 - 2030년 국가 로드맵'을 통해 2030년까지 전기차 보급을 300만 대로 확대할 계획이다. 또한 전기차 충전기반시설은 정부의 지원에 따라 구축하고 있는데, 전기차 충전기는 전기차 보급 확대에 발맞춰 2021년 6월 기준 누적 급속 충전기 1.2만기, 완속 충전기 5.9만기가 보급되었다. 이는 합계 기준 2016년의 30배 이상으로 크게 증가한 수치이다. 운영기관별로는 민간 충전사업자가 60,690기, 공공 충전사업자가 16,025개로 민간 사업자의 비중이 높다

지역별 충전기 대수는 전기차 보급대수가 가장 많은 경기도가 1.9만대로 가장 많으며, 전기차 보급 비율이 가장 높은 제주(3.7%)의 급속 공용 충전기 보급률은 전국보다 낮은 편이다. (급속충전기 1대당 전기차 대수= 18.1대)

국내 지역별
충전인프라 운영 현황 (21.09월 기준)

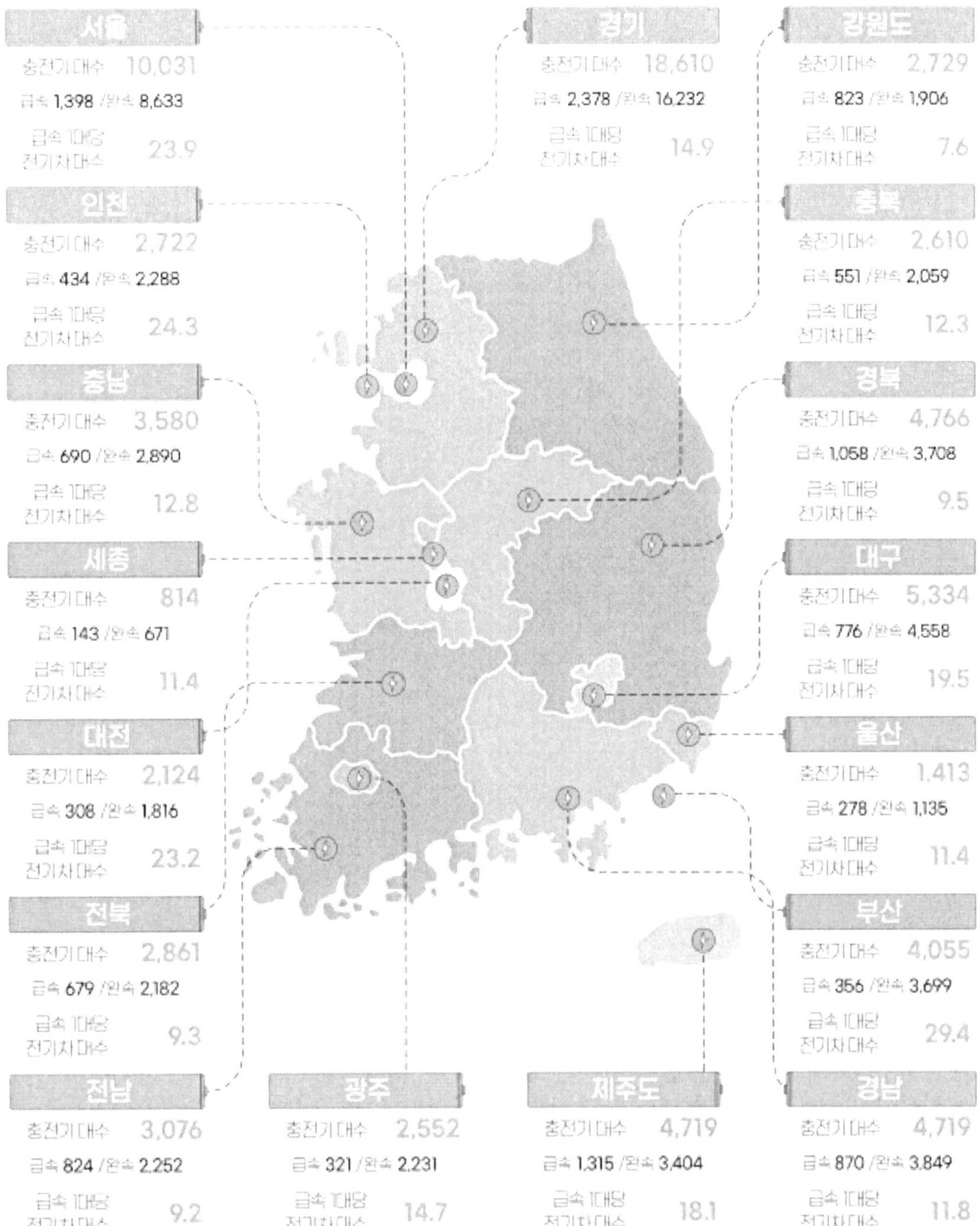

급속 공용 충전기 보급률이 가장 낮은 지역은 부산(29.4대), 인천(24.3대), 서울(23.9대), 대전(23.2대)순이며, 보급률이 높은 지역은 강원(7.6대), 전남(9.2대), 전북(9.3대), 경북(9.5대) 순이다. 대체적으로 전기차 보급률이 높은 지역인 서울(1.1%), 대전(1.0%)의 충전기 보급률이 낮게 평가되며, 부산(0.7%)과 인천(0.6%)은 전기차 보급률과 충전기 보급률이 함께 낮은 것으로 보인다.

정부의 전기차 충전인프라 보급 계획은 2025년 기준 누적 51.7만기로 거주지·직장 등 생활거점 중심으로 50만기, 휴게소 등 이동거점 중심으로 1.7만기를 목표로 하고 있다.[9]

구분	2020년(실적)	2021년	2025년
계	6.4만기	9.6만기	51.7만기
급속	0.98만기	0.98만기	이동거점 : 1.7만기
완속	5.4만기	5.4만기	생활거점 : 50만기

[표 6] 국내 공용 전기차 충전기 구축 목표 (단위: 기)

---

9) smart KPX 전력거래소 「전기차 및 충전기 보급이용현황 분석」

나. 국외 시장[10]

2021년 완성차 전체 판매량이 전년 대비 4% 증가하며 미약한 회복세를 보인 반면 전기차 판매량은 세 자리 증가율을 보이며 자동차 시장에 확고하게 자리매김했다. 한국자동차연구원 자료에 따르면 2021년 글로벌 전기차 신차 판매량은 약 472만대로 전년 대비 112% 증가하면서 전체 완성차 판매량의 5.8%를 차지했다. 지역별로 살펴보면 중국과 한국이 각각 158%, 115% 판매 성장률을 보이며 다른 지역보다 월등히 높다.[11]

이러한 변화는 유럽에서 탄소 배출 기준이 강화되고 자동차 제조사에 무공해 자동차의 생산 및 판매를 촉구하면서 더욱 가속화되었다. 이 외에도 중국에서 BEV 시장이 타 국가 대비 높은 성장세를 보인 것이 주요인으로 보인다. 미국과 유럽의 전기차 기술은 BEV가 장악하고 있지만, 시장 점유율은 중국보다 작다.

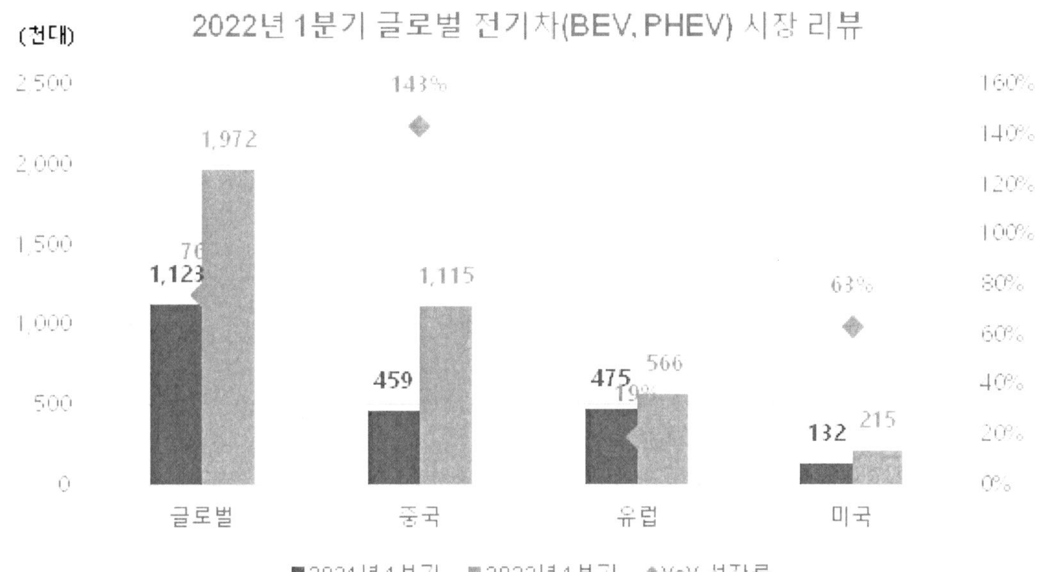

이미 전 세계적으로 BEV 판매량이 PHEV를 앞지르고 있으며, 2030년에는 BEV가 전기차 신차 판매량의 81%(2,530만대)를 차지할 것으로 예측된다. 반면, PHEV 판매량은 2030년 580만 대 수준에 그칠 전망이다. COVID-19로부터 회복할 경우 2025년까지 내연기관 차량의 판매량 증가(8,170만대)가 이어지겠지만, 이후부터는 시장 점유율이 점차 감소할 전망이다.

연간 자동차 판매량은 2024년까지 COVID-19 이전 수준을 회복하지는 못할 전망이다. 다만, 하지만 느린 회복 속도는 내연기관 자동차 판매가 둔화된 결과일 것으로 예측된다. 전기차 시장은 COVID-19로부터 회복이 진행되는 동안 계속해서 긍정적인 기조를 유지할 것이며, 단기에 시장 점유율의 상당 부분을 차지하게 될 것이다.

---

10) 전기차 시장 전망 2030년을 대비하기 위한 전략, 딜로이트 인사이트, 2020
11) e4ds news '2021년 글로벌 BEV 판매량 전년比 112%↑'

딜로이트는 2030년까지 중국이 전세계 전기차 시장의 49%, 유럽이 27%, 미국이 14%를 차지할 것으로 전망한다. 신차 판매량 중 전기차 비중은 국가별 차이가 두드러질 것이다.

중국 내 전기차 판매 비중은 2030년까지 48%에 이를 것이며, 이는 미국의 약 2배 가량 (27%)되는 수치이다. 유럽은 42%를 달성할 것이다. 하지만 이 숫자만으로는 모든 것이 설명되지 않는다. 북부 및 서부 유럽의 성장률이 남부와 동부 유럽의 성장률을 가뿐히 뛰어넘을 것으로 보이는데, 상대적으로 부유한 국가들(영국, 독일, 프랑스, 네덜란드, 북유럽 국가)이 초기 성장률을 견인하기 위해 인프라 투자를 확대하고 지원금 및 세제 혜택을 늘릴 것으로 보이기 때문이다.

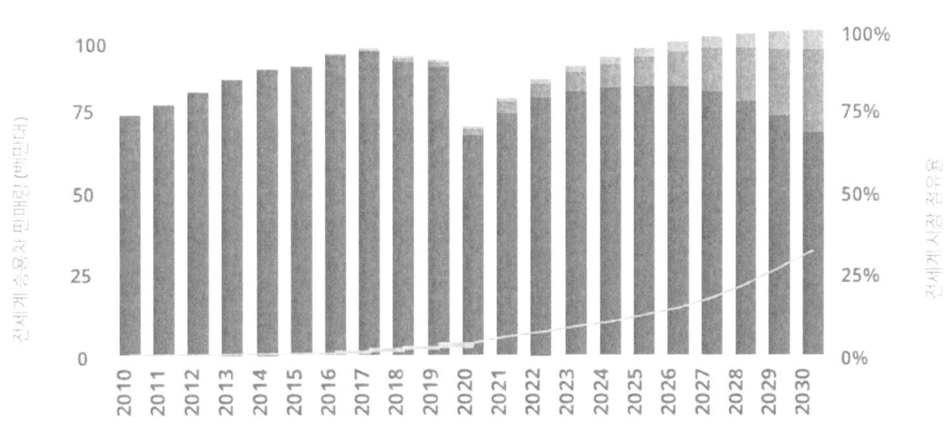

[그림 20] 전세계 연간 승용차 및 경차 판매량 전망

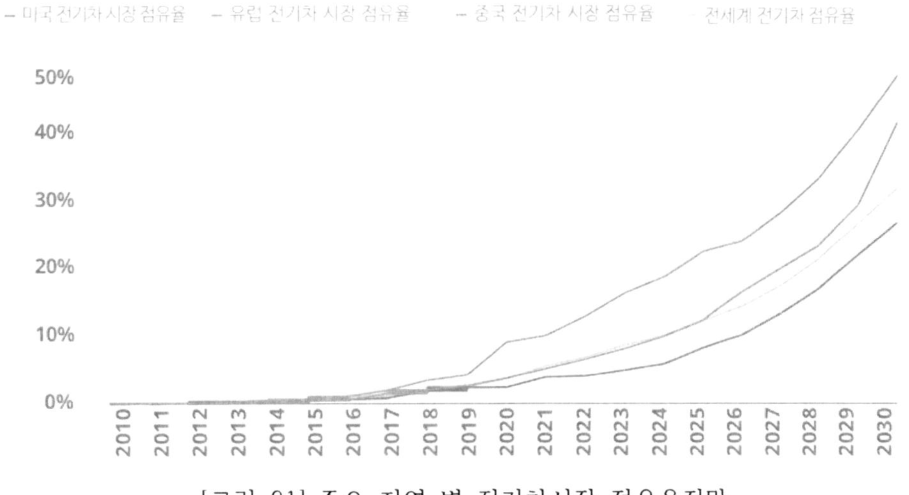

[그림 21] 주요 지역 별 전기차시장 점유율전망

2030년 이후, 전기차 판매량의 증가세는 둔화될 것으로 전망된다. 일부 국가는 향후 10년 간 부유한 국가들처럼 전기차로의 전환 정책을 추진하기는 어려울 수 있다. 2030년 이후에도 성장세를 유지하기 위한 주요 요건은 적합한 충전 인프라의 도입이다.

이는 수십억 달러의 자본 투자를 필요로 할 것이며, 일부 국가에서는 민관 투자를 통해 가능한 일이기 때문에, 모든 국가에서 동일한 발전이 이루어지지는 못할 것이다.
충전 인프라에 투자하지 못하는 국가에서는 내연기관 차량이 한동안은 시장 점유율의 상당 부분을 차지할 전망이다.

유진투자증권에 따르면, 코로나 팬데믹으로 인해 타격이 커, 2020년의 연간 판매량 추정치는 기존대비 낮출 수 밖에 없었으며, 2019~2025년 글로벌 전기차 판매량은 연평균 22% 성장할 것으로 추정된다.[12]

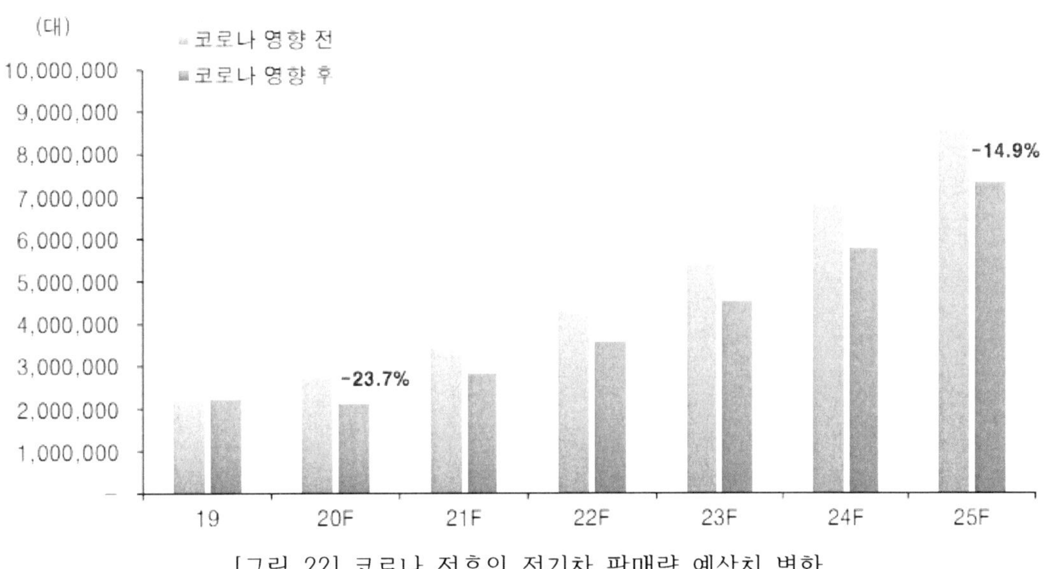

[그림 22] 코로나 전후의 전기차 판매량 예상치 변화

매년 전기차 전망 보고서를 발표하는 국제에너지기구(IEA)는 2021년에 낸 자료에서 2020년 말 기준으로 세계 공공 전기차충전소가 130만여 곳이라고 밝혔다. IEA가 2029년까지 필요하다고 보는 공공 충전소 수인 4000만 곳에 한참 모자란 수치다. 2021년 12월 보스턴컨설팅그룹(BCG)은 세계 3대 전기차 시장인 유럽·중국·미국에서 2030년까지 설치될 공공 충전소는 650만 곳 가량에 그칠 것으로 전망했다.[13]

2020년 기준 주요국간 공용 전기차충전기(급속, 완속) 구축 실태를 비교해 보면, 중국(51만 5908기)이 가장 많으며, 다음으로 미국(7만7358기), 네덜란드(5만153기), 한국(3만4630기), 일본(3만394기) 순 이다. 공용 전기차충전기 1기당 전기차 담당대수를 비교해보면 한국은 3.8대, 중국 5.0대, 미국 11.3대 등 세계 평균 5.6대를 차지했다.[14]

---

12) 포스트 코로나 전기차 전망, 유진투자증권, 2020.05.29
13) TECHWORLD '전기차 9대당 충전소는 1곳뿐... 세계는 충전갈등'
14) 조선비즈 '[강세토픽] 전기차-인프라테마, 에스트래픽 +15.28%, 에이프로 +6.38%'

전세계 전기차 충전기 수 추이

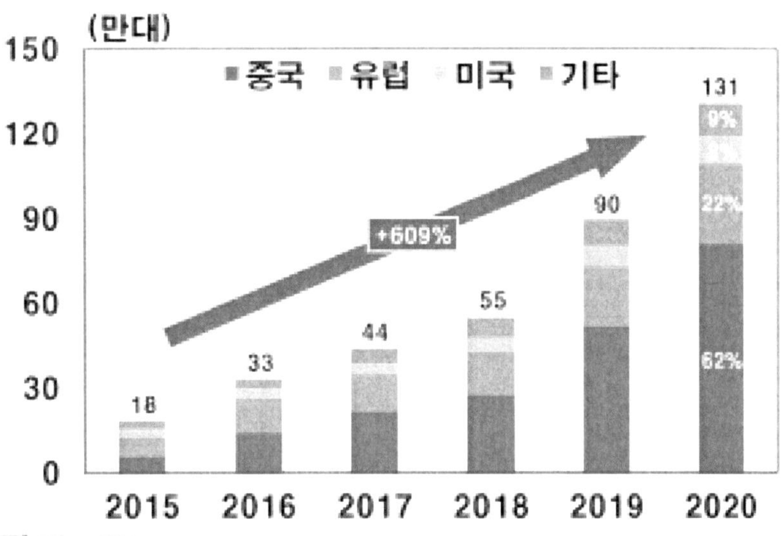

자료: IEA

연료주입·배터리충전 평균소요시간

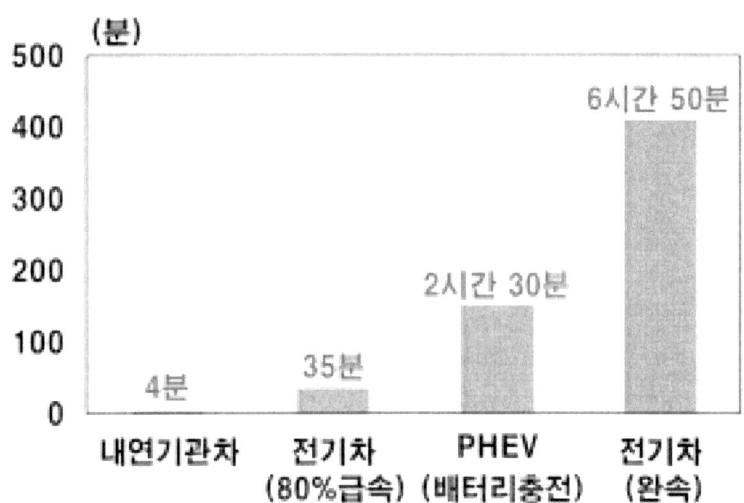

자료: Citi

 한국은행 글로벌 친환경차 시장 동향 국제경제리뷰에 따르면 최근 전기차 충전기 수는 빠르게 늘어나고 있으나 전기차 보급확대를 위해서는 여전히 부족한 상황이다. 전 세계 전기차 충전기 수는 2015~2020년 기준 609% 증가하였으며 그 중 급속 충전기(충전전력 22kw 이상)의 비중은 29.5% 수준이다.

이에 따라 주요국들은 전기차 관련 충전 인프라 구축을 위해 적극적으로 지원을 할 계획이다. 미국은 전기차 관련 인프라 구축을 지원하기 위해 '전기차 충전 실행계획(2021.12.13.)'을 발표하고 충전기 보급을 지원했다. 독일은 '전기차 충전인프라 마스터플랜(2019.11.19.)'에 따라 2030년 까지 충전소를 100만개까지 증설할 계획이다. 그리고 일본 정부는 2030년까지 전기차 충전소를 15만개로 늘릴 계획이며, 도쿄전력은 2025년까지 고속도로 내 급속충전소를 1000곳으로 확대할 계획이다.[15)]

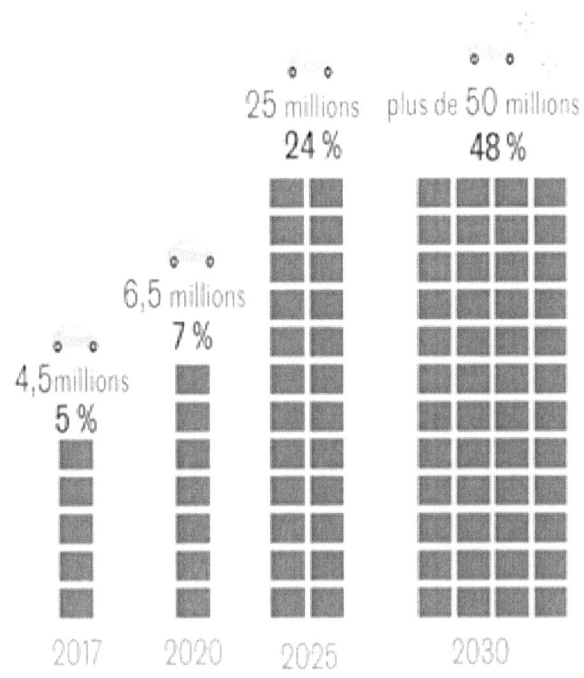

[그림 25] 전기차의 전 세계 자동차 시장점유율 전망

---

15) 한국은행 국제경제리뷰「글로벌 친환경차 시장 동향 및 특징」p19

다. 국가별 전기차 시장[16][17]

1) 유럽

유럽자동차공업협회(ACEA)에 따르면 2022년 1분기(1~3월) 전기차 시장 규모는 22만4145대로 집계됐다. 이는 전년 대비 53.4% 두 자릿수 급증한 수치다. 전체 자동차 시장에서 차지하는 비중은 10.0%로 판매된 자동차 10대 중 1대는 전기차인 셈이다.

유럽 국가 중에선 독일 전기차 시장 규모가 가장 큰 것으로 나타났다. 같은 기간 전년 대비 29.3% 증가한 8만3774대를 기록했다. 이어 △영국(6만4165대, 101.9%) △프랑스(4만3510대, 42.7%) △노르웨이(2만6803대, 39.9%) △스웨덴(1만9715대, 285.7%) 순으로 집계됐다.[18]

영국을 비롯한 기타 국가에서 전기차는 연간 세자리 수 성장률을 보였다. 기후 변화 우려로 정부가 정책적으로 전기차를 지원하고 소비자의 태도가 변화한 것이 촉매제 역할을 했다. 기후 변화 문제는 다수 유럽 정부의 주요 시책 중 하나로 자리 잡았다. 영국 정부는 2050년까지 탄소 배출량을 0으로 줄일 예정이며, 2035년까지 공해 배출 차량의 판매를 금지시킬 것이라 밝혔다. 독일은 온실 가스 배출량을 1990년 대비 2020년 말까지 40%, 2040년 말까지 55%, 2050년 말까지 95% 감축할 계획이다.

이렇게 높은 성장을 하였음에도 불구, 유럽 시장 내의 제한적인 전기차 모델, 일부 지역에서 충전소가 부족하다는 고객 인식 등으로 아직까지는 전기차의 전면 도입이 다소 정체되고 있다.

COVID-19 발생과 봉쇄 조치에 따른 판매 전시장 폐쇄, 생산 중단 등이 유럽 내 자동차 판매량에 영향을 미쳤지만, 전기차 판매량은 기존 내연기관 차량과 비교하였을 때 여전히 건재하다. 하지만 2022년 1~6월 상반기 유럽 신차(승용차) 판매량은 전년 동기 대비 14.3%나 줄었다. 언론매체는 유럽 자동차제조협회(ACEA)가 발표한 상반기 유럽 주요 18개국 자동차 판매 통계를 인용해 신차 판매 대수가 502만7547대를 기록했다고 전했다.

공급망 혼란이 장기화하면서 독일과 프랑스, 이탈리아 등 3대 자동차 시장에서 판매가 11%, 16.3%, 22.7% 크게 감소한 여파가 컸다. 메이커별로는 점유율 선두인 독일 폭스바겐의 판매량이 19.4% 줄어든 120만대, 2위 유럽 스텔란티스(피아트·크라이슬러+PSA)도 20.7% 감소한 103만대에 머물렀다.[19]

---

16) 전기차 시장 전망 2030년을 대비하기 위한 전략, 딜로이트 인사이트, 2020
17) 포스트 코로나 전기차 전망, 유진투자증권, 2020.05.29
18) THE GURU '유럽 내 전기차 시장 디젤 추월 초읽기... 10대 중 1대 전기차'
19) KITA.net 무역뉴스 '1~6월 유럽 신차 판매 14% 급감... 공급망 혼란 장기화'

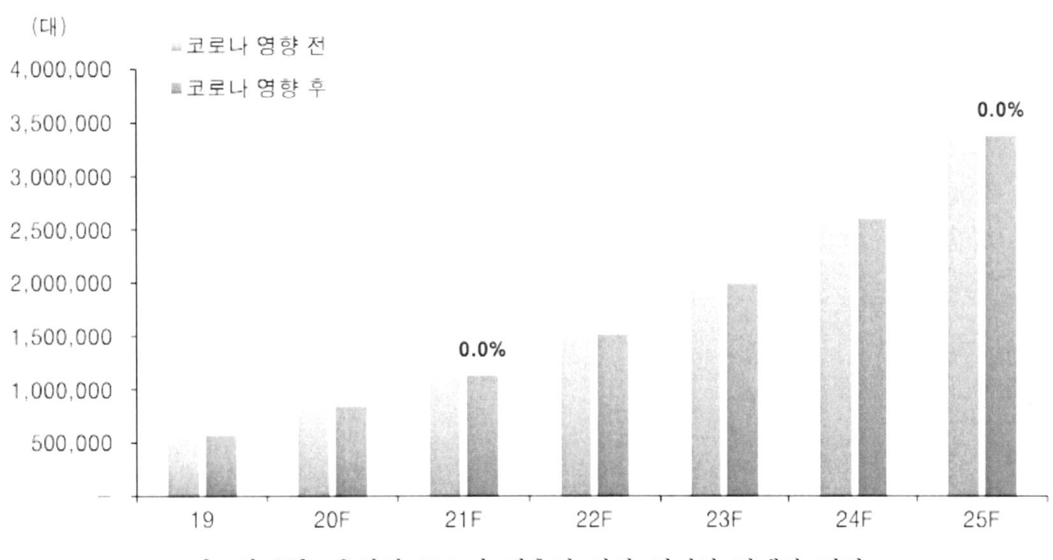

[그림 26] 유럽의 코로나 전후의 연간 전기차 판매량 전망

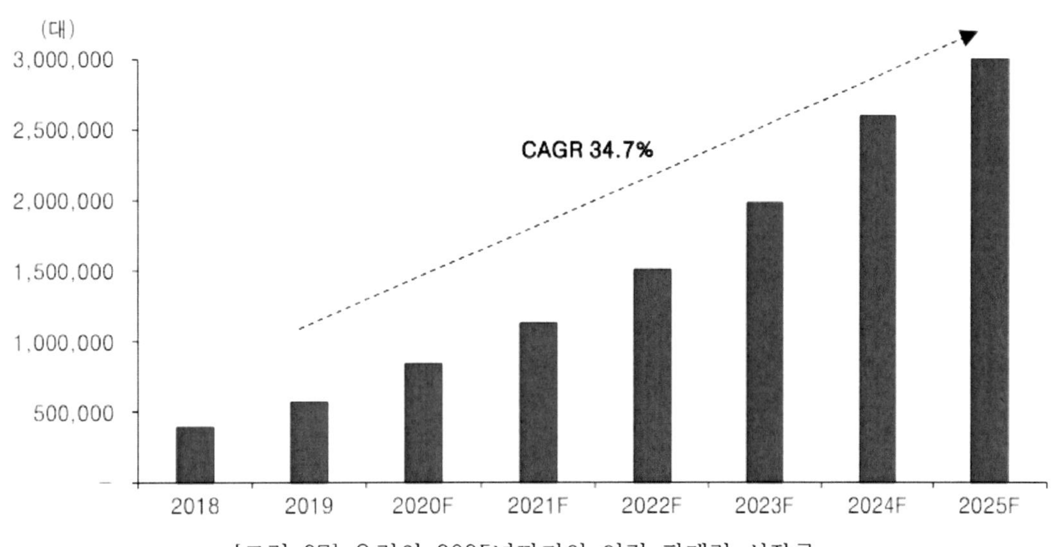

[그림 27] 유럽의 2025년까지의 연간 판매량 성장률

EU는 코로나 대응 경기부양안으로 그린딜을 선택했다. 저탄소 배출 산업구조를 정착시키기 위한 당국의 투자가 코로나로 더욱 강해지게 되었다. 보도를 통해 알려진 전기차 부문 주요 부양정책으로는 1) 전기차 구매 기구 만들어 200 억 유로 2 년간 지원 2) 업체들의 전기차 생산 투자 활성화에 400~600 억 유로 3) 충전인프라 기존 계획 대비 2 배 확대 4) 전기차 구매시 부가세 면제 등이다. 하반기부터 부양안 효과가 신차 출시와 맞물려 전기차 시장의 급속 회복을 견인할 것이다.

독일은 유럽 최대의 자동차 시장이지만, 전기차 판매는 부진했었다. 주요 완성차 업체들이 클린디젤을 마케팅 대상으로 삼았기 때문이다. 하지만 디젤게이트가 발생한 후 정부와 완성차 업체들이 모두 전기차 확대 전략에 올인하고 있다.

독일 정부가 내년부터 전기차 구매자에 대한 보조금을 단계적으로 축소할 예정이다. 로버트 하벡 독일 경제부 장관은 "전기자동차가 점차 대중화되고 있어 가까운 미래에 정부의 보조금 등이 불필요해질 것"이라면서, 인센티브의 점진적 폐지를 골자로 한 '기후 행동 예산 초안'을 발표했다.

이에 따르면 2023~2024년에 할당된 34억 유로(약 4조5천억 원)의 예산이 모두 소진되면 인센티브는 완전히 만료된다.

로이터에 따르면 독일에서 2021년에 판매된 순수 전기차는 32만8천대로 전년보다 2배 이상 증가했으며, 신차 등록 때 순수 전기차 비중이 14%에 달한다. 독일 연방도로교통청(KBA)에 따르면 독일 내에서 전기차 점유율은 폭스바겐(폴크스바겐) 20.3%, 테슬라 11.2% 순이다.

독일 연방자동차청(KBA) 자료에 따르면 2022년 독일의 1분기 신차 판매량은 60만 대 (625,954대)를 겨우 넘겼다. 이는 판매량이 좋지 않았던 2021년 1분기보다 4.6% 줄어든 결과였다. 반도체 칩 부족 사태가 이어지고 있으며, 러시아의 우크라이나 침공에 따른 물가 상승과 기름값 폭등 등으로 시장 회복이 이른 시간 안에 이뤄지기는 쉽지 않아 보인다.[20]

영국은 EU 에서는 탈퇴했지만, 유럽의 2 번째 자동차 판매 대국이다. 2050년 탄소배출 순제로를 입법화한 상태여서 2035년까지만 내연기관차 신차판매를 허용할 예정이다. 영국의 전기차 보조금 정책은 2011년부터 시작됐다. 소비자가 5,000만원 이하 전기차를 구매하면 최대 230만원의 보조금을 지급했다. 보조금을 처음 지급한 시점부터 2022년까지 사용한 세금만 2조원 이상이 투입됐고 덕분에 2022년 1~5월 BEV 판매가 10만대에 달하는 등 누적 50만대 등록이 이루어졌다. 보조금 대상에 포함되는 BEV 종류도 24종에 달할 정도로 많아졌다. 따라서 영국 정부는 전기차 보조금을 중단하기로 최종결정하고, 충전인프라 확대에 집중한다.[21]

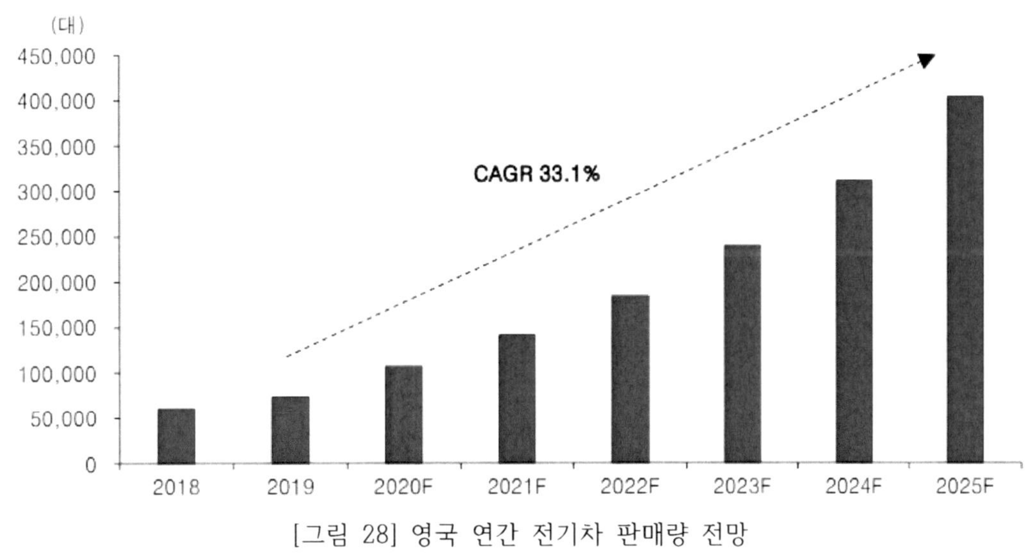

[그림 28] 영국 연간 전기차 판매량 전망

20) MOTORGRAPH '[이완칼럼] 요즘 독일에서 잘 나가는 자동차들'
21) 한국경제TV뉴스 '[하이빔] 전기차 보조금 없앤 영국, 한국은?'

　코로나로 인한 피해를 가장 많아 받았던 이탈리아를 보면 전기차 확대가 얼마나 시급한 과제
인가를 알 수 있다. 코로나로 인한 사망자 발생이 대기오염도와 밀접한 관계가 있음이 밝혀졌
기 때문이다.

　평소에 이탈리아 북부지역은 미세먼지로 인한 대기오염이 유럽에서 가장 심한 지역이었다.
이탈리아는 대표 완성차 업체인 피아트는 2020년 전기차 대중화 모델인 500e를 출시했다. 이
러한 상황들을 고려했을 때 이탈리아의 2019~2025년 전기차 판매는 연평균 59% 증가할 것
으로 판단된다. 이탈리아 정부의 전기차 보유 목표는 2022년 누적 100만대. 2030년 500만대
이다.

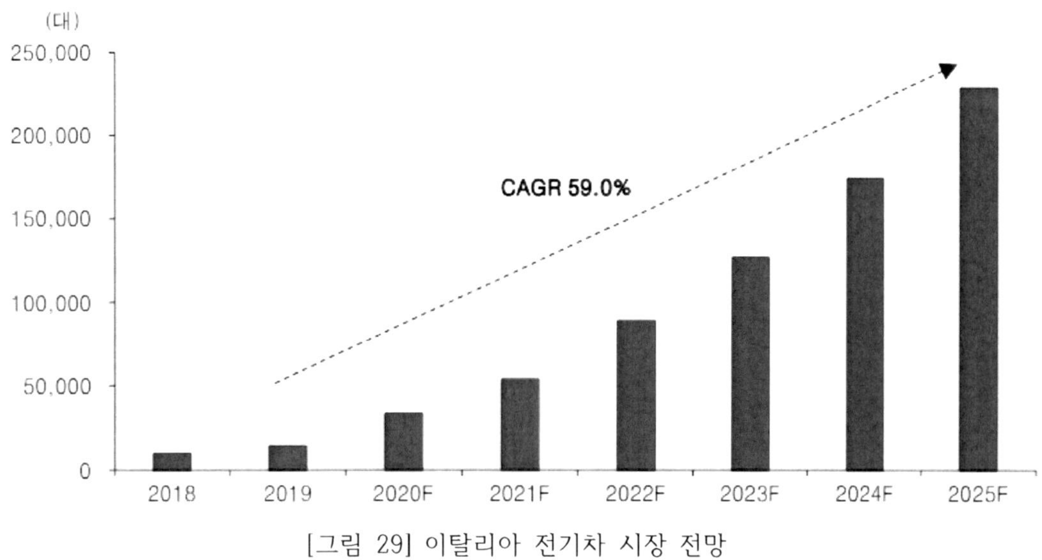

[그림 29] 이탈리아 전기차 시장 전망

2) 중국

중국은 전체 전기차 판매량의 약 절반을 차지하며 시장 지배력을 유지하고 있다. 자동차 업계에 따르면 중국 내 전기차 시장은 2022년 500만대 규모를 돌파할 가능성이 제기된다. 한국무역협회와 코트라 등은 2021년 중국 내 전기차 판매가 전년(2020년) 대비 166.2% 확대된 300만대 규모였던 것으로 보고 있다. 중국 내 전기차 판매량은 2022년 상반기에도 220만대를 기록하면서 중국 전기차 업계는 2022년 연간 500만대 정도 판매 실적을 올릴 것으로 전망된다.

글로벌 전기차 판매량 가운데 과반을 차지하는 중국 기업이 내수 시장에서 전체 자동차 시장 주도권을 잡게 된다면 중국을 필두로 내연기관차에서 전기차로 패러다임 전환이 시작되는 신호탄으로 여겨질 수 있다는 것이다. 500만대라는 숫자와는 별개로 이미 중국 기업들이 충분한 가격 경쟁력을 갖췄다는 평가도 나온다.[22]

중국은 전 세계에서 순수 전기차 시장 규모가 가장 큰 국가 중 하나이다. 지난 6년간 중국 내의 전기차 생산량 통계를 보면 2016년 41만8000대를 생산했고 2017년 66만7000대로 전년 대비 약 59.6% 성장했다. 그리고 최근인 2021년은 300만 대 생산에 육박하면서 전년대비 무려 166.2%의 성장률을 기록했다. 또한 2022년 1~2월의 누적 생산량도 전년대비 약 40%의 성장을 보이며 2022년에도 역시 비교적 큰 폭으로 성장할 것으로 예상된다.

중국은 현재 자국 전기차 산업의 신속한 발전, 중국 소비자의 전기차에 대한 높은 이해와 환경 보호에 대한 관심으로 전기차 시장이 지속적으로 확대되고 있다. 다만 중국은 2016년 이후 전 세계로부터(특히 미국) 수입하는 전기차는 거의 없고 중국에서 판매되는 절대 다수의 전기차는 중국 내에서 자체적으로 생산되는 중이다. 따라서 한국 역시 중국으로 전기차를 거의 수출하고 있지 못하는 실정이다. 비록 수출은 거의 전무하지만 중국은 여전히 세계에서 가장 큰 전기차 시장 규모를 가진 지역 중 한 곳이므로 그 중요성을 간과할 수 없다.[23]

최근 중국 정부는 전기차 시장의 연착륙을 위해 2020년도 하반기 일몰하려던 전기차 보조금을 2022년까지 유지하기로 결정했다. 의무화 되어있는 전기차 판매 비율도 상향할 가능성이 높기 때문에 2019~2025년 중국의 전기차 연평균 판매 성장률은 15%로 추정된다.

---

22) 아주경제 '[韓넘보는 中전기차] 中판매량 500만대 돌파전망...韓수출 위협한다'
23) KOTRA 해외시장뉴스 '중국 전기차 시장동향'

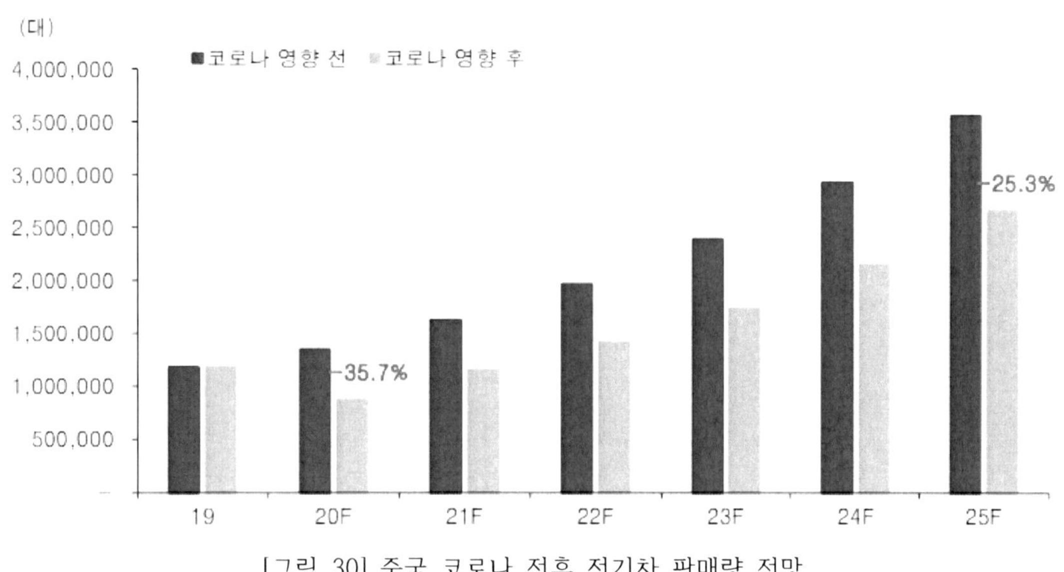

[그림 30] 중국 코로나 전후 전기차 판매량 전망

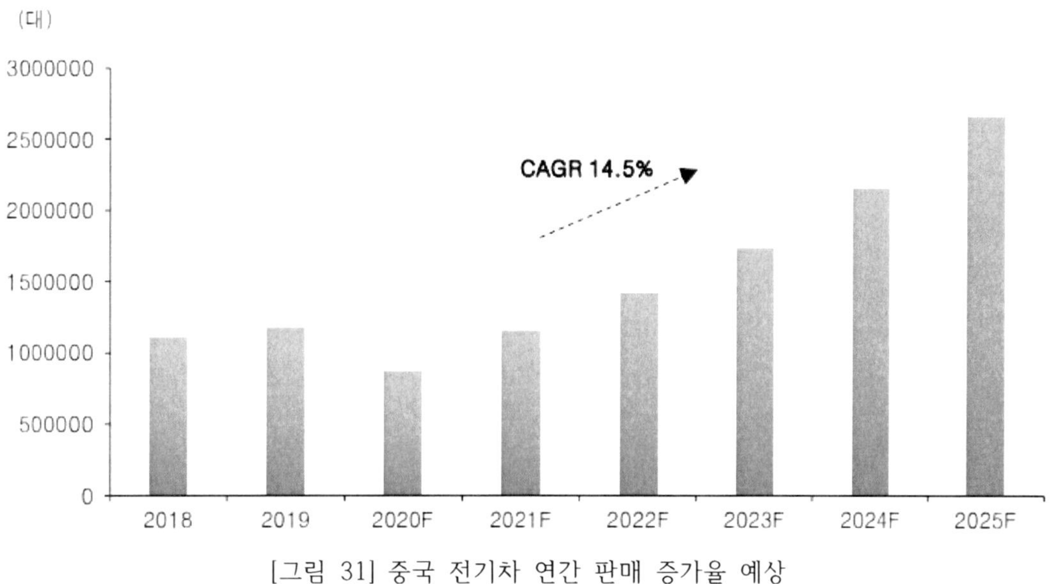

[그림 31] 중국 전기차 연간 판매 증가율 예상

테슬라의 중국공장이 완공되면서 현지 판매가 큰 폭으로 증가하고 있다. 연간 50만대의 생산을 목표로 지어진 공장에서는 모델3, 모델 Y를 생산하게 된다. 테슬라는 중국 현지 공장에서 조달 원가를 낮추어 중국 내수 시장을 공략한다는 계획이다. 테슬라의 판매가 급증하면서 자국 업체들을 위협하면 중국당국의 입장이 어떻게 변하는지 살펴볼 필요가 있다. 만약 테슬라에 대해서 과거처럼 외국업체 차별 정책을 사용하지 않는다면 중국당국의 목표가 "자국업체에 대한 일방적인 육성"에서 서서히 변하는 것으로 해석할 수 있다.

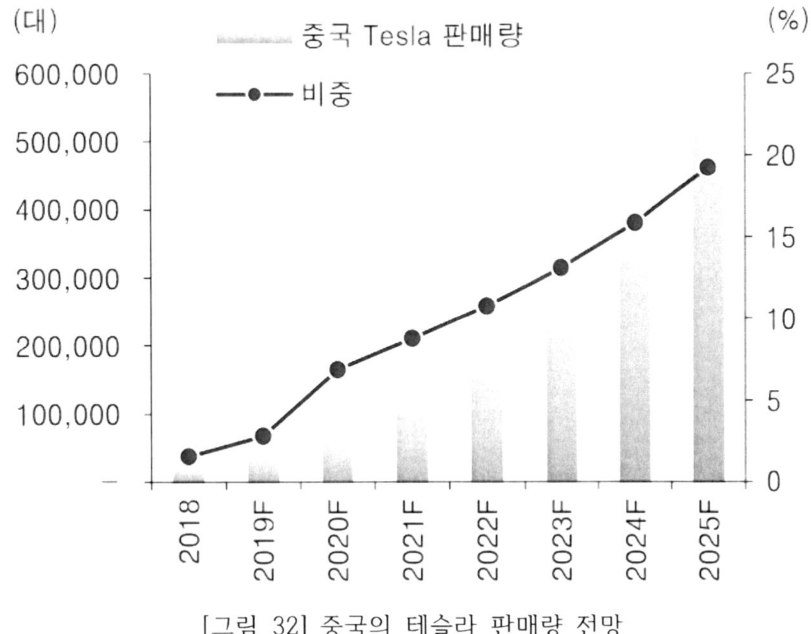

[그림 32] 중국의 테슬라 판매량 전망

3) 미국

 최근 미국 자동차 시장에서 글로벌 자동차 업체들이 전기차 가격을 인상하고 있다. 내연기관 자동차에서 전기차로 전환되는 상황에 가격 인상은 시장 형성에 타격을 줄 수 있다는 업계의 우려가 나온다.

 전기차 가격 급등의 이유는 러시아-우크라이나 전쟁 장기화, 인플레이션, 물류대란 등으로 생산에 필요한 원자재 가격이 급상승했기 때문이다. 전기차 생산에 필요한 평균 원자재 비용은 2022년 5월 기준 한 대당 8255달러로 2020년 5월 3343달러에서 246% 상승했다. 특히 리튬, 니켈, 코발트 등 이차전지 원자재 가격이 올라 전기차 가격 상승을 견인했다.

 전기차에 대한 높은 수요도 가격 상승을 이끌었다. 대한무역투자진흥공사(KOTRA)에서 발표한 '미국 전기차 가격 상승 가속화' 보고서에 따르면 2021년 미국 내 전기차 판매량은 49만 9616대로 전체 자동차 판매량(1556만2031대)의 3.2%를 차지했다. 그중에서 2022년 5월까지 전기차 판매량은 31만578대로 전체 자동차 판매량(586만6494대)의 5.29%를 차지한다. 5월까지의 판매량은 전년도 판매량의 62%에 육박하는 수치다. 테슬라 모델 라인업이 선전했으며 현대차, 기아의 전기차도 전기차 판매량 상승에 일조했다. 곧 포드 F-150 라이트닝, GM 허머 EV가 본격 판매되면 판매량은 더욱 증가할 전망이다.[24]

도표 1.   미국 연간 전기차 판매와 비중 예상치

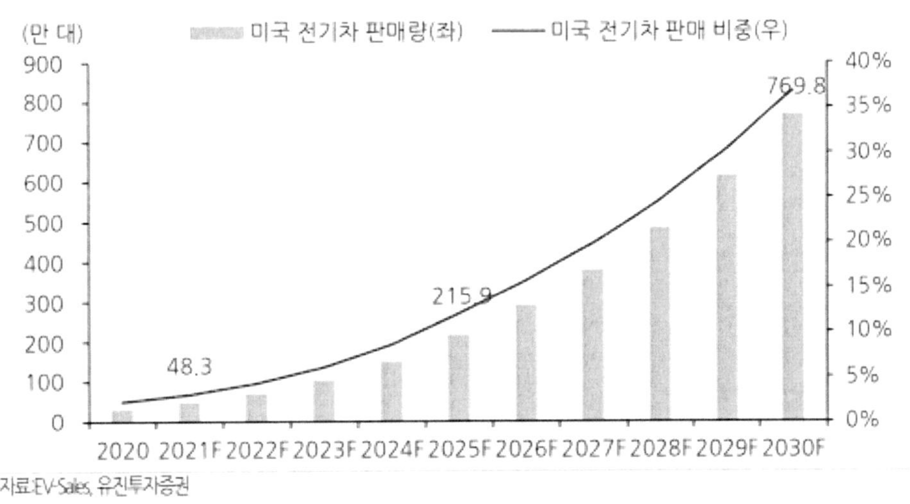

---

24) 전기신문 '테슬라 GM 리비안 다 올랐다… 미국 전기차 가격 상승 가속화'

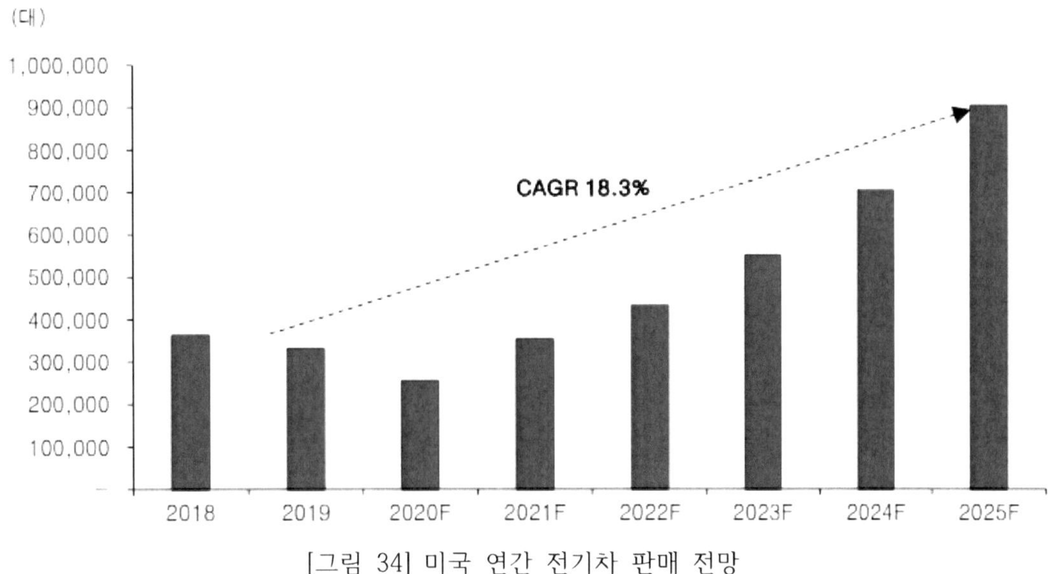

[그림 34] 미국 연간 전기차 판매 전망

캘리포니아는 미국 전기차 판매의 50%를 차지하는 아성이다. 연방정부보다 현저히 강한 자체적인 연비규제와 전기차 의무판매제도를 도입하고 있는 캘리포니아의 존재는 미국 시장의 중장기 전망을 밝게 한다. 현재까지 캘리포니아식 연비규제와 전기차 의무판매제도를 도입한 주는 14개이다. 트럼프의 연비규제 완화에 반대해 소송을 한 주들이 23개에 달하기 때문에 향후 캘리포니아식 룰을 따르는 주들의 숫자는 지속적으로 늘어날 것이다. 캘리포니아 존재 때문에 미국의 완성차업들도 전기차 판매를 마냥 늦출 수는 없다. 또한 테슬라의 시장 잠식을 막기 위해서도 전기차 모델의 확대는 불가피하다. GM, 포드 등 미국업체들과 폭스바겐, 메르세데스, BMW 등도 2022년부터 미국시장에 신규 전기차 모델 출시를 대폭 늘릴 예정이다.

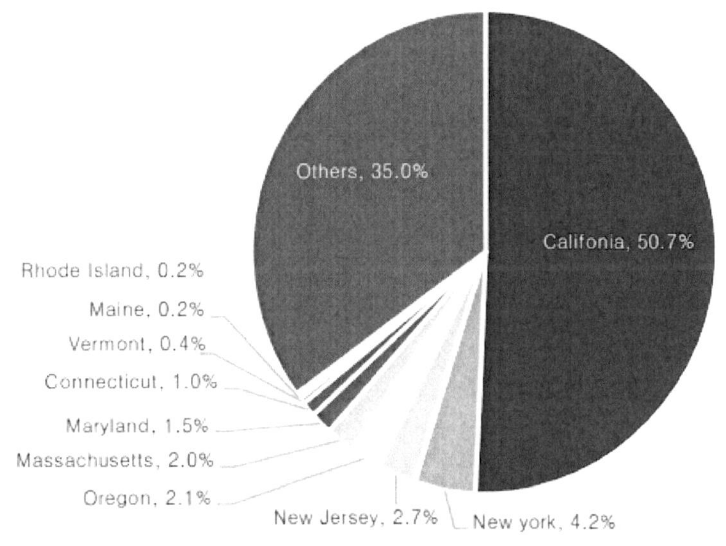

[그림 35] 미국 주별 전기차 판매 비중(2019년)

4) 헝가리[25]

헝가리는 2018년 이후 빠르게 전기차 판매량이 증가해 2021년 5월 기준 총 3만2053개의 전기차 플레이트가 발급됐다. 이 중 전기차(BEV)는 1만4879대이며 하이브리드(EREV)와 플러그인 하이브리드(PHEV)가 각각 뒤이어 1만410대 및 6763대가 등록됐다.

헝가리 정부의 친환경 정책과 소비자의 환경에 대한 관심이 일치하여 그 결과 전기차에 대한 판매량이 증가하고 있음을 알 수 있다.

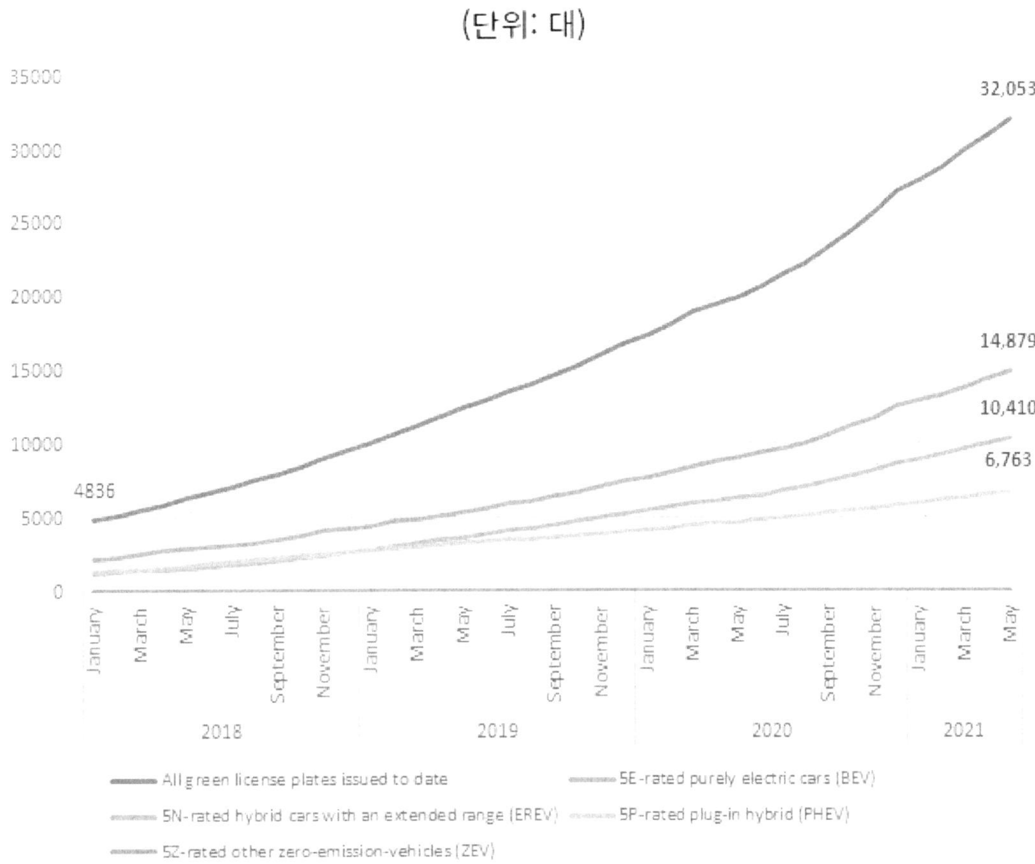

자료: Nyilvantarto 웹사이트

현재 헝가리에는 테슬라, 닛산, 오펠, 폭스바겐 등과 함께 한국의 현대자동차와 기아자동차 전기차가 판매되고 있다. 전기차 구매에 따른 정부 보조금이 지원되는 1.5천만 포린트 이하의 다양한 차종부터 테슬라, BMW, 재규어 등 상위 등급 차종까지 전기차 도입이 매년 증가하고 있다.

---

25) 헝가리, 전기차 지원 정책과 시장동향, KOTRA, 2020.06.15

2019년 헝가리에서 가장 많이 팔린 전기차는 453대가 판매된 닛산 Leaf로 뒤 이어 폭스바겐 e-Golf, BMW i3가 순위를 이었으며 현대자동차의 코나 일렉트릭과 아이코닉 일렉트릭은 각각 5위와 8위에 그쳤다.

2020년 헝가리 설치된 전기차 충전소는 총 747개소로 63개소에 불과했던 2013년도에 비해 큰 성장을 이뤘다. 늘어나는 전기차 판매와 함께 헝가리 정부는 2030년까지 헝가리 내 약 1만8100개의 충전시설이 설치될 것으로 내다보고 있다. 비록 충전시설이 빠르게 늘어나 관련 생태계가 형성되고 있지만 여전히 서유럽 국가에 비해 보급이 덜 된 상황이므로 탄소배출량 감소 계획과 기후변화 대응 필요성 목소리와 함께 한동안 이와 같은 추세는 지속될 것으로 전망된다.[26)

헝가리 전기차 충전소 보급 현황

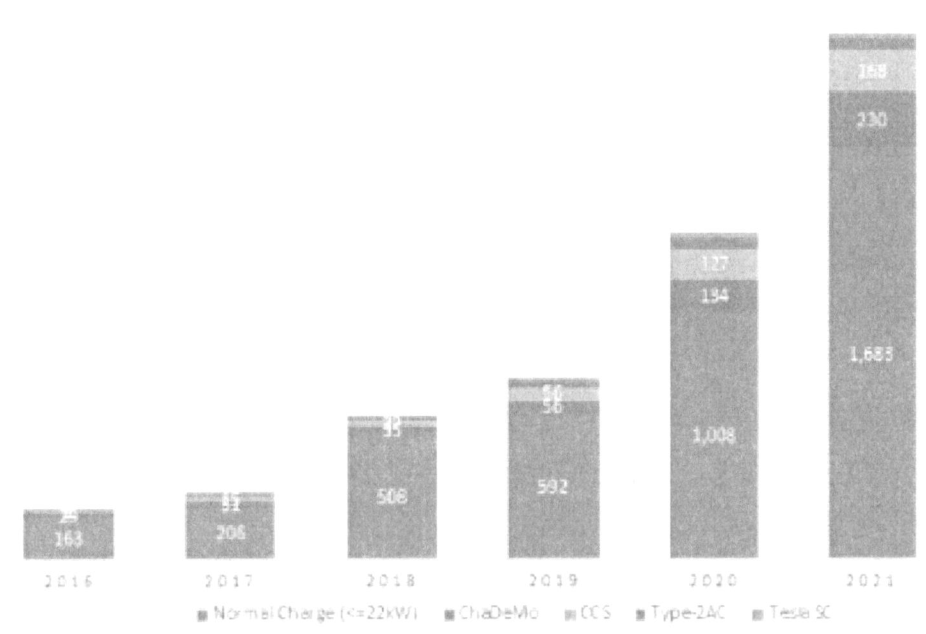

자료: Statista(2021.05.20. 기준)

Statista에 의하면 2021년 5월 기준 헝가리에 설치된 전기차 충전소는 총 2155개로 집계되고 있다. 세부적으로 22kw 미만의 일반 충전소가 약 78%의 높은 점유율을 보이고 있으며 다음으로 CHAdeMO(급속충전기)가 전년대비 가장 높은 증가율을 보이며 보급되고 있다. 헝가리 대표적인 정유회사 MOL에서는 전기차로의 전환에 따라 기존 주유소 내 전기차 충전소를 설립하고 있다.

---

26) KOTRA '헝가리 전기차 충전기 시장 동향'

2021년 1월까지 총 71개의 충전소를 설립했으며 2021년 연말까지 MOL 주유소의 10%인 200개소까지 확충할 계획을 보유하고 있다. 또한, 사용자 편의를 위해 MOL Plugee 애플리케이션을 마련해 충전속도를 설정할 수 있을 뿐만 아니라 가까운 충전소 위치 확인, 최적 충전 타이밍, 충전 이력 등을 관리할 수 있게 했다. 이외 E-Mobi와 같은 e-모빌리티 인프라 구축 관련 단체와 PARKL과 같은 충전 서비스 업체가 활동하면서 점차 전기차 시대로의 전환이 진행되고 있다.[27]

---

27) KOTRA '헝가리 친환경 이동수단 보급 동향 및 정책'

5) 태국[28]

 태국 국토교통국(Department of Land Transport) 통계에 따르면, 태국 내 누적 전기차 등
록대수(하이브리드 전기차 포함)는 2017년 처음으로 10만 대를 넘어섰으며, 꾸준한 증가세를
보이고 있다. 2021년 1월~7월 중 등록된 전기차는 1,010대로 전년 동기대비 16.1% 증가했고
7월까지 전기차* 누적 등록 대수는 20만6,278대이다.[29]

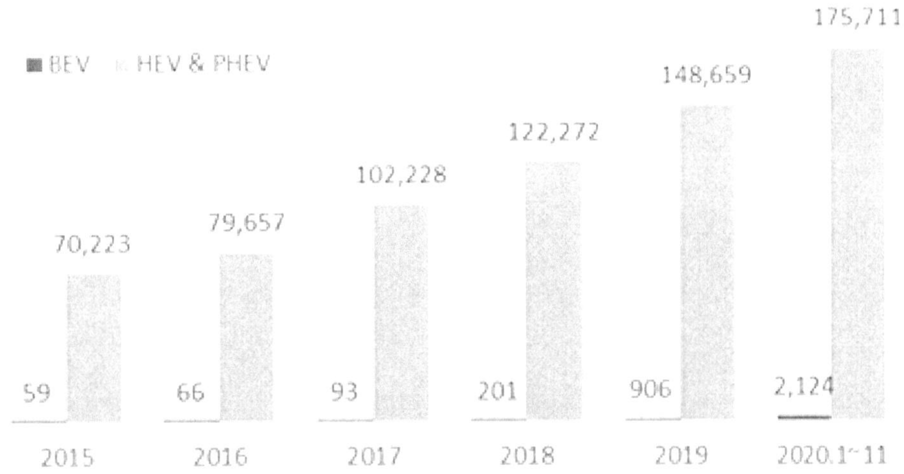

[그림 38] 태국 내 누적 전기차 등록 현황(승용차 및 1톤 픽업 트럭)(2015~2020년)
(단위: 대)

 태국 내 전기자동차 통계를 살펴보면, 태국에서 가장 대중적인 전기차 종류는 하이브리드 전
기차(HEV)로 태국에서 제조된 일본 브랜드가 가장 많이 판매되고 있다. 플러그인 하이브리드
전기차(PHEV)는 BMW, 메르세데스 벤츠 등 HEV대비 고급 사양의 유럽 브랜드들이 많다. 그
러나 2020년부터 중국의 MG, 일본의 미쓰비시에서 수입한 과거 대비 저렴한 PHEV들이 태국
자동차 시장에 소개되고 있다. 배터리 전기차(BEV)의 경우 아직까지 가격대가 매우 높고, 충
전소 등 인프라가 충분하지 않아 구매가 제한적인 상황이다.

---

28) 태국 전기차 시장, 2030년 75만 대 생산 계획, KOTRA, 2021.02.04
29) KOTRA '2021년 태국 자동차 산업 정보'

6) 인도[30]

인도 내 도시의 수는 2001년 5161개에서 10년 만에 7935개로 증가했으며, 그중 인구가 100만 명 이상인 도시는 53개인 것으로 나타났다. 빠른 속도로 진행되는 도시화로 인해 역내에서뿐만 아니라 도시 간을 이동하는 유동 인구도 급증했으며, 차량 수요도 더불어 대폭 증가했다.

인도의 인구증가율은 1.26%(2010년~2015년)이며 1995년 이후 1% 미만의 낮은 증가율을 지속하고 있다. 인도의 자동차 산업은 승용차, 상용차, 삼륜차 및 이륜차를 포함하여 회계연도 2020년에 2,600만 대의 차량을 생산하고 그 중 470만 대를 수출했다. 인도는 세계에서 가장 큰 트랙터 제조업체이며, 두 번째로 큰 버스 제조업체이고, 세 번째로 큰 대형 트럭 제조업체로 대형 차량 분야에서 강력한 위치를 차지하고 있다. 하지만, 현재 보편화돼 있는 화석연료 기반의 일반 차량은 인도의 고질병인 공기 오염의 주요 원인이 된다는 문제점이 상존해왔다.

따라서, 인도 정부는 2011년부터 전기자동차(EV)를 적극 장려하는 정책을 전개해 이와 같은 문제를 해결하는 데에 방점을 두고 있다. 인도 중공업부(MoHI)는 2013년 국가전기모빌리티계획(National Electric Mobility Mission Plan, NEMMP)을 시행했으며, 2015년 전기자동차 채택 촉진 및 제조를 장려하기 위한 단계별 정책(FAME) 1단계 시행 이후 2019년 2단계로 확장하는 등 다각화된 제도적 지원을 펼치고 있다.

릭샤(Rickshaw)는 주로 인력을 이용한 이동 수단을 의미하는데, 그중 삼륜 차량 형태의 오토(Auto) 릭샤는 인도에서 제일 보편화된 이동 수단이다. 하지만, 인도 정부가 극심한 공해 문제를 해결하고 원유 수입 의존도를 감소시키는데 방점을 두기 시작하면서 국가 차원의 정부 정책(National Electric Mobility Mission Plan 2020)을 발표했으며, 이에 따라 개인 및 대중 교통을 전기차로 전환하는 데에 주력하기 시작하면서 기존 오토 릭샤도 e-릭샤로 교체하기 시작했다.

시장조사기업 P&S Intelligence에 따르면, 인도의 e-릭샤 시장은 연평균 15.9% 성장할 것으로 예상된다. 현재 인도에는 약 150만 대의 e-릭샤가 있는 것으로 추산되며, 매달 1만 대 이상 추가되는 등 시장이 급속도로 성장하고 있다. 인도 전기차제조협회는 2018년을 기준으로 연간 63만 대의 e-릭샤가 판매 되 같은 기간 내연기관 오토릭샤 판매량인 57만대를 앞질렀다고 집계했다. 오는 2024년에는 연간 93만 5000대 수준으로 판매량이 늘어날 것으로 예상했다.[31] 또한, 등록된 e-릭샤의 70%가 주로 우타르프라데쉬주 혹은 델리주와 같이 주요 도시에 밀집해있는 등 농촌이나 낙후지역의 경우에는 전기차에 대한 인식 및 인프라가 보편화돼 있지 않다는 것을 알 수 있다. 하지만, 국가 차원의 전기차 전환 정책과 환경에 대한 인식 제고 등에 힘입어 e-릭샤 시장은 전국 각지로 확대되고 있다.

---

30) 전기자동차 도입에 적극적인 인도, KOTRA, 2020.12.28
31) 뉴시스 '심각한 대기오염 시달리는 인도에도 전기차 바람 분다'

그럼에도 불구하고 현지 제조업체 대부분은 중국과 같은 인근 국가로부터의 부품 수입에 의
존하는 데 그치고 있다. 배터리나 충전기, 타이어 튜브 등과 같은 부품은 현지에서 생산되기
도 하는데 그마저도 품질이 매우 떨어진다. 차체나 타이어 컨트롤러, 모터 및 엔진과 같은 핵
심 부품은 주로 중국으로부터 조달한다. 또한, 현재 인도 e-릭샤 시장 내 무허가 제조업체가
만연해 정식 등록 업체와 정확히 구별하기가 어렵다.

인도 에너지자원연구소(TERI)는 2018년 기준 델리 소재 e-릭샤 제조업체는 약 340개였으나
그중 전기차 필수 인증을 취득한 업체는 현저히 적을 것이라고 발표한 바 있다. 인도자동차제
조협회(SIAM) 또한 산업 관계자에 따르면 e-릭샤 제조업체는 약 477개에 달하지만, 이를 모
두 공식적으로 확인하기는 어렵다는 입장이다.

전기 오토바이(e-bike) 시장도 다르지 않다. e-바이크 시장 규모는 전기 이륜차 부문이 국내
시장에서 총 467만 개 이상의 EV 판매 중 50%를 차지했다고 밝혔으며, 2021년에는 저속 e-
삼륜차가 그 뒤를 이었다.[32] 자국 내 제조를 촉진하고 e-바이크 및 전기 이륜차의 채택을 장
려하기 위한 정부 차원의 제도적 지원책이 이러한 성장에 한 몫할 것으로 보인다. 기존 이륜
차 제조기업, 자전거 제조기업의 같은 분야로의 사업 확장부터 e-Bike 전문 신규 기업 등 다
양한 분야의 기업들이 진입해 시장선점을 위해 경쟁하고 있으며, 주요 기업으로는
Electrotherm, Ampere Vehicles, Ather Energy, Avon Cycles, Hero Electric Vehicles
등이 있다.

지역별로 살펴보면 웨스트벵갈, 마하라슈트라, 구자라트, 타밀나두 등을 중심으로 발전하는
추세이며, 대중교통 이용을 꺼리는 소비자들이 자동차에 비해 저렴하고 실용성 있는 e-바이크
와 같은 전기 이륜차로 눈을 돌리면서 장기적 성장이 예상된다.

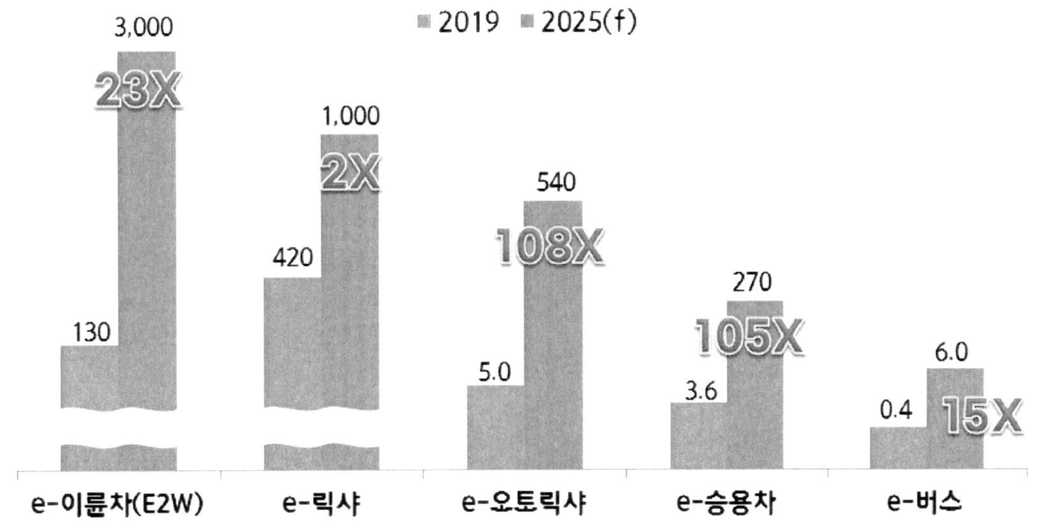

[그림 39] 인도 전기차(EV) 시장 분야별 전망 (단위: 천 대)

32) NDTV Profit '17 Million Electric Vehicles To Be Sold By 2030 In India: Report'

7) 기타 국가

  유럽, 중국, 미국을 제외한 나머지 국가의 전기차 판매량은 상당히 저조하다. 이는 전기차에 대한 정부 관심 부족, 충전소 인프라 부족, 전기차 자체의 부재, 이동 수단에 대한 문화 차이 등 다양한 요인에 기인한다. 일본은 글로벌 주요 자동차 시장이지만, 아직 유럽이나 중국의 경쟁사와 같은 수준의 전기차를 개발하지 못한 일본 내 OEM이 신차 판매량을 독점하고 있다. 인도의 경우는 다른 여러 국가와 마찬가지로 저가의 대량 이동 모델이 주를 이루고 있다. 이러한 시장에서는 전기차의 상대적으로 높은 가격 때문에 OEM이 판매 영역을 확장하지 못하는 상황이다.

라. 분야별 시장 동향
1) 배터리[33)]

 에너지 시장조사업체 SNE리서치가 발표한 2022년 1~4월 주요 배터리 업체 사용량 점유율에 따르면 중국 CATL이 33.7%(41.5GWh)로 1위, 한국 LG엔솔이 14.9%(18.3GWh)로 2위를 기록했다. 한국과 중국 기업으로 기준을 바꿔 비교해봐도 한국과 중국 간 격차는 커지고 있다. 중국은 도합 55.3%고 한국은 25.9%(격차 29.4%p)에 불과해 배 이상 차이가 났다. 2021년 중국(41.8%) 한국(34%) 간 격차 7.8%p에 비하면 격차 폭이 4배 이상 벌어졌다.

 구체적으로 중국 업체는 CATL을 비롯해 3위 BYD, 6위 CALB, 8위 궈쉬안(Guoxuan), 9위 선와다(Sunwoda), 10위 에스볼트 등이 상위 10걸에 이름을 올렸다. 한국 업체 중에선 2위 LG엔솔과 함께 5위 SK온(7%), 7위 삼성SDI (4%) 등이 명단에 올라갔고 일본은 4위 파나소닉(10.8%)이 전부였다. 삼성SDI는 2022년 초 CALB에 추월당했으며, LG엔솔도 1위 탈환보다 2위 수성이 현실적인 목표가 됐다. 이러한 가운데 SK온의 생산능력이 2021년 1~4월 3.5GWh에서 2022년 같은 기간 8.6GWh로 배 이상 늘어났다.

 한편 SNE리서치는 한국 업체들의 성장 요인으로 각사 배터리를 탑재한 완성차 모델 판매 증가를 꼽았다. SK온은 현대 아이오닉5와 기아 EV6 등의 판매 증가 영향을 받았다. 삼성SDI는 BMW i3와 iX 피아트 500 등의 판매가 호재로 작용했다.[34)]

* 연간 누적 글로벌 전기차용 배터리 사용량 (단위 : GWh)

순위	제조사명	2021. 1~4	2022. 1~4	성장률	2021 점유율	2022 점유율
1	CATL	19.4	41.5	114.1%	28.9%	33.7%
2	LG에너지솔루션	15.3	18.3	19.1%	22.9%	14.9%
3	BYD	4.6	14.9	224.5%	6.8%	12.1%
4	파나소닉	10.1	13.3	31.3%	15.1%	10.8%
5	SK On	3.5	8.6	141.3%	5.3%	7.0%
6	CALB	1.9	5.1	170.9%	2.8%	4.1%
7	삼성SDI	3.9	4.9	26.9%	5.8%	4.0%
8	Guoxuan	1.3	3.3	148.4%	2.0%	2.7%
9	Sunwoda	0.2	1.7	770.3%	0.3%	1.4%
10	SVOLT	0.7	1.6	138.8%	1.0%	1.3%
	기타	6.2	9.9	60.4%	9.2%	8.0%
	합계	67.0	122.9	83.4%	100.0%	100.0%

* 전기차 판매량이 집계되지 않은 일부 국가가 있으며, 2021년 자료는 집계되지 않은 국가 자료를 제외함.

(출처 : 2022년 5월 Global EVs and Battery Monthly Tracker, SNE리서치)

---

33) 포스트 코로나 전기차 전망, 유진투자증권, 2020.05.29
34) 쿠키뉴스 '1~4월 배터리점유율 CATL 1위, LG엔솔 2위… 격차 벌어져'

오는 2030년 전 세계 전기차용 이차전지 업체의 생산능력이 8천247기가와트시(GWh)까지 늘어나고, 국내 3사의 비중은 20%에 달할 것이라는 전망이 나왔다. SNE리서치에 의하면 전 세계 전기차용(ESS용 포함) 이차전지 업체의 총 생산능력이 연평균 27%씩 성장해 2030년에는 8천247GWh까지 늘어날 것으로 전망했다. 2021년 배터리 업체의 총 생산능력 994GWh의 8.3배 수준이다.

전세계 전기차용(ESS포함) 이차전지 업체별 생산 능력 전망(GWh)

순위	업체명(국적)	'21	'25	'30
1	CATL(中)	161	646	1,285
2	LGES(韓)	140	420	778
3	Svolt(中)	5	378	632
4	CALB(中)	29	398	619
5	Guoxuan(中)	35	174	523
6	Skon(韓)	40	177	465
7	BYD(中)	80	285	425
8	EVE(中)	57	170	422
9	SDI(韓)	29	116	374
10	AESC(中)	23	120	309
11	Panasonic(日)	52	126	228
12	Farasis(中)	50	94	205
13	REPT(中)	16	100	200
14	Sunwoda(中)	8	144	198
15	PPES(日)	7	30	190
16	Lishen(中)	34	106	124
Others		229	571	1,271
Total		994	4,055	8,247

*출저. SNE Research <2022> Global LIB Battery 라인 신설 및 증설 전망(~30) 리포트

LG에너지솔루션은 778GWh(2위), SK온은 465GWh(6위), 삼성SDI는 374GWh(9위)의 생산능력을 각각 보유할 것으로 예측했으며, 2030년 이차전지 업체의 국적별 이차전지 생산능력 비중은 CATL, BYD 등 중국업체가 63%, LG에너지솔루션과 SK온, 삼성SDI 등 한국업체가 20%를 차지할 전망이다.[35]

---

35) 한경산업 '2030년 전세계 전기차 배터리업체 생산능력, 작년대비 8배로 성장'

전세계 전기차용(ESS포함) 배터리 업체 국적별 생산 능력 M/S 전망

	'21	'25	'30
한국 업체 (LGES, 삼성SDI, SK온 등)	21%	18%	20%
일본 업체 (파나소닉, PPES 등)	7%	4%	5%
중국 업체 (CATL, Svolt, CALB 등)	69%	70%	63%
유럽 업체 (Nothvolt, freyr 등)	1%	6%	10%
미국 업체 (TESLA 등)	1%	2%	2%
Total	100%	100%	100%

*출처: SNE Research <2022> Global LIB Battery 라인 신설 및 증설 전망(~'30) 리포트

관련업계 관계자는 "SK온까지 포함해 3사가 2021년 4분기에 200조원 상당의 수주잔량을 추가·확보했을 것"이라며 "이 같은 추세라면 2022년 안으로 수주 잔고 '700조원 시대'가 가능할 전망"이라고 분석했다.[36] 2019년부터 비중국 국가들의 전기차 신차 모델 출시 비중이 증가하고 있는데, 이 업체들이 대부분 국내 배터리들을 채택했기 때문이다. 국내업체들은 유럽 완성차 업체들과 대규모 계약을 체결했고, 미국 전기차 공장 신증설용 배터리 공장도 건설에 돌입했다.

---

36) 머니투데이 'LG엔솔 수주잔고 260조...K배터리 700조 시대 눈앞에'

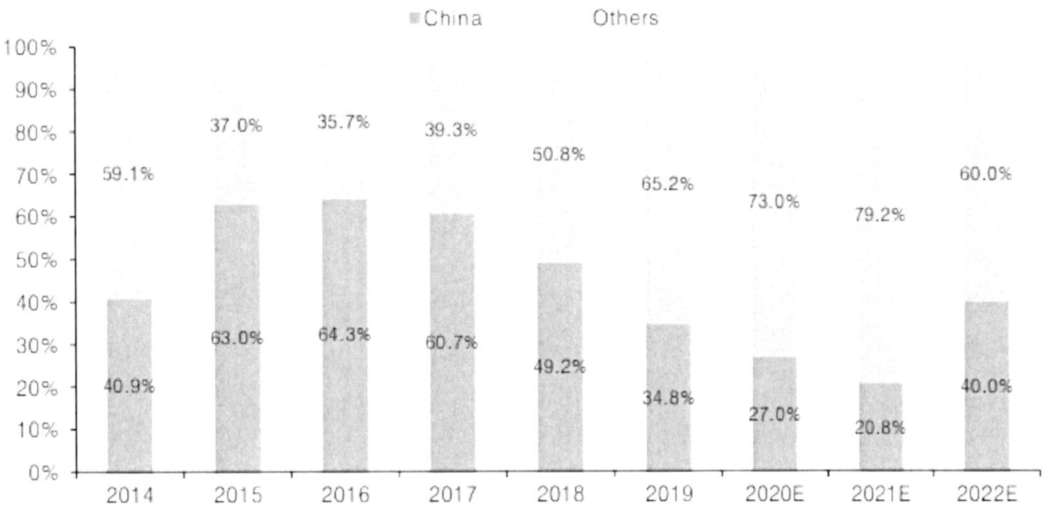

[그림 43] 비중국 전기차 모델 출시 비중 급증으로 국내 배터리업체들 수혜

치열해지는 전 세계 배터리 시장에서 현재 가장 중요한 것은 배터리 기술 수준의 발전이지만 또한 중요한 것이 원자재 조달이다. 배터리 생산에서 중요한 원자재로는 리튬, 코발트, 니켈, 흑연 등이 꼽힌다. 배터리 수요와 함께 원자재에 대한 수요도 높아져 가격 경쟁을 위해서는 공급이 불안정한 원자재의 공급처를 확보하는 것이 중요하다.

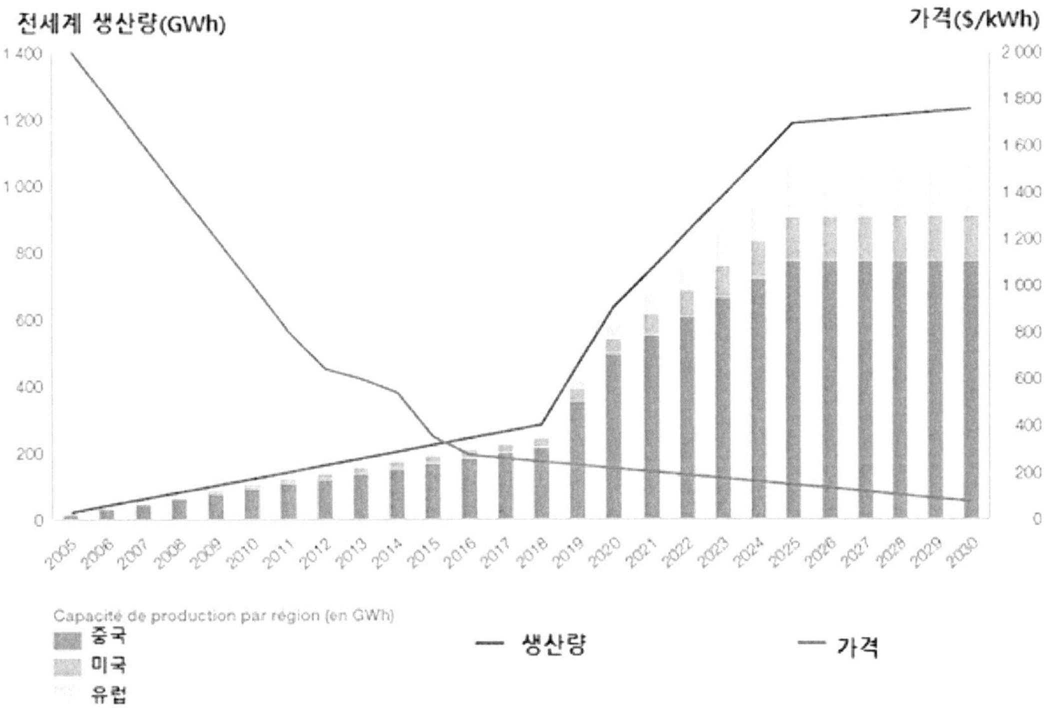

[그림 44] 리튬이온 배터리 생산량과 가격동향 전망(2005~2030년)

현재 전 세계 리튬의 절반은 남미에 매장돼 있으나, 가장 많은 양을 소유하고 있는 나라는 중국이다. 유럽기업들은 원자재 생산국에서 직접 개발하는 방식으로 투자하고 있다. 프랑스의 철강기업 Eramet의 경우 아르헨티나에 약 900톤 규모의 리튬 광산을 개척, 2025년까지 유럽 전체의 필요량 절반인 연간 2만4000톤을 생산한다는 목표를 가지고 있다.

유럽 내 원자재 개척도 활발히 진행 중이다. 유럽에는 전 세계 리튬의 약 1%가 매장돼 있고, 세르비아에 3%가 매장된 것으로 알려졌다. Labex Voltaire 연구소는 15개의 기업과 함께 유럽 내 여러 국가를 대상으로 광산채굴 프로젝트를 진행하고 있다. 유럽 제1의 리튬 생산국인 포르투갈(2017년 400톤 생산)도 그중 하나다.[37]

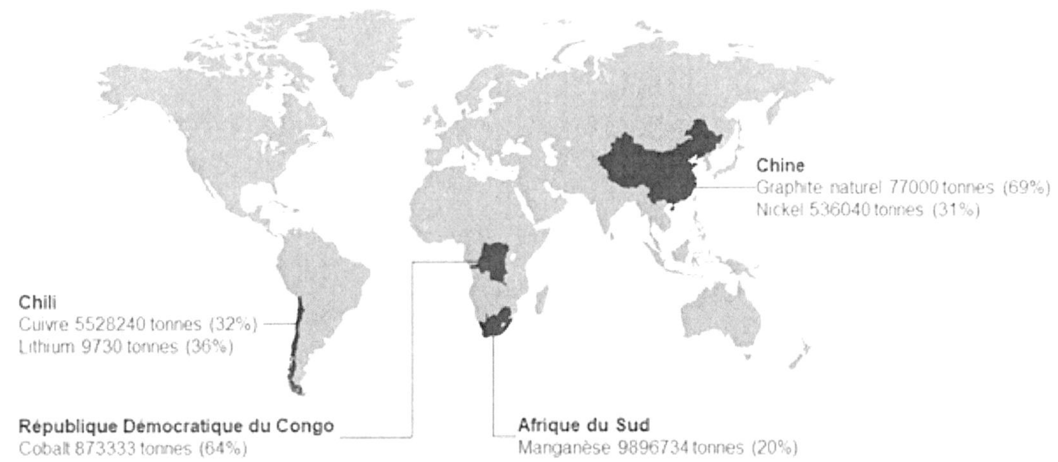

[그림 45] 전기자동차 배터리 원자재 대표적인 생산국 및 비율

---

37) 유럽 전기차 배터리 시장동향, KOTRA, 2021.01.07

2) 이차전지

휴대전화의 약 7,000배, 노트북의 약 700배 용량의 이차전지를 탑재하는 전기자동차의 확산은 이차전지 시장을 폭발적으로 성장시킬 것으로 기대된다. 즉, 전방 산업인 전기자동차 시장 성장 가속화로 전기차용 배터리 수요가 증가함에 따라 전기자동차용 이차전지 시장 규모 또한 2020년 461억 달러에서 2030년 3517억 달러로 향후 10년간 약 8배 증가할 것으로 전망된다.

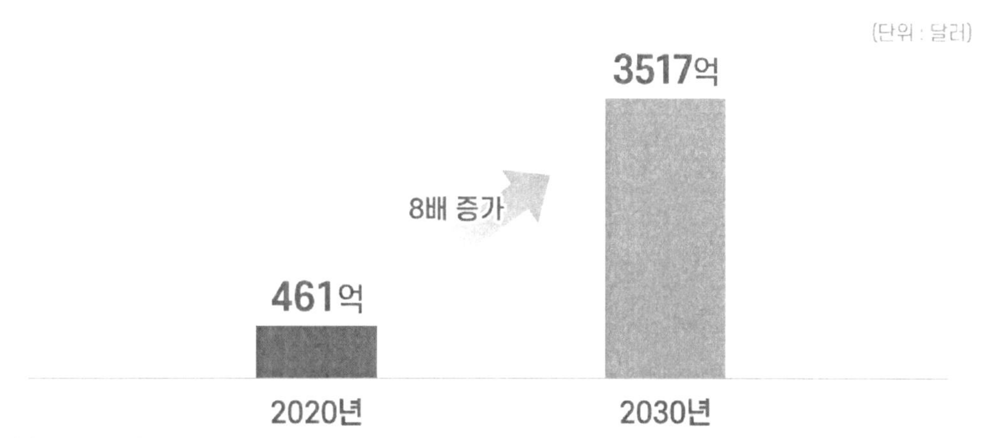

20년 글로벌 배터리 출하량은 221GWh로 집계되었으며, 연평균 32% 성장하여 '30년에는 3,670GWh에 이를 전망이다. 용도별로는 전기차용의 비중이 '20년 65%에서 '30년 89%로 확대되어 전기차용 배터리 수요가 시장 성장을 주도할 것으로 예상된다.

시장의 확대와 더불어 리튬이온전지의 가격 또한 연평균 10% 수준으로 지속 하락할 것으로 전망되며, 테슬라의 기가팩토리(Giga Factory) 운영 등 규모의경제가 확산될수록 가격 하락 속도는 더욱 빨라질 것으로 예상할 수 있다.

또한 배터리의 대용량화로 인한 시장의 성장도 주목해야 한다. HEV에 채택되는 배터리의 용량은 1~2KWh에 불과한 반면, PHEV에는 10~20KWh의 배터리가 적용되고 순수 전기자동차의 배터리 용량은 이를 상회하는 수준이다.

환경 기준이 엄격해지면서 HEV보다는 PHEV나 EV의 고성장이 예상되고 완성차 업체 입장에서도 이에 더 주력할 수 밖에 없을 것이다. 이와 더불어 주행거리를 늘리기 위해서도 동일한 차종의 연식이 바뀌면서 대용량의 배터리가 사용되고 있기에 이차전지 시장 규모는 급속히 증가할 것으로 예상된다.

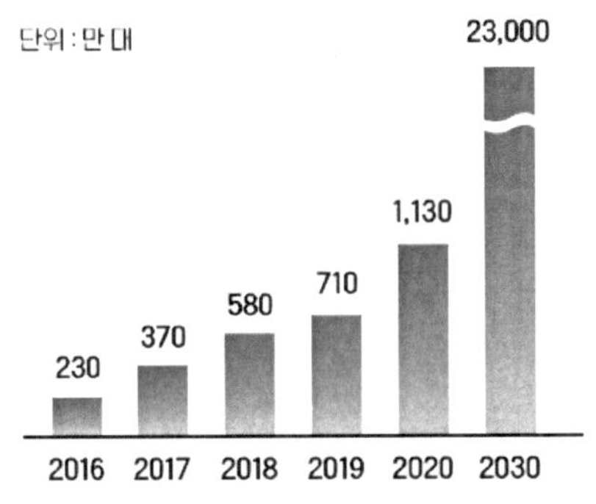

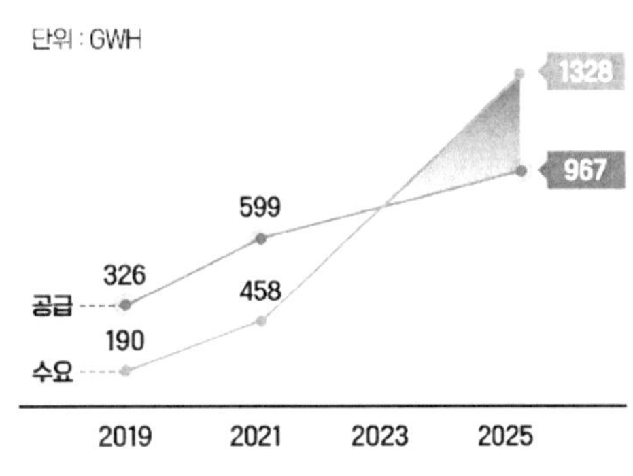

그림 47 전기차 판매량 및 배터리 시장 전망

 전기자동차 보급이 지연되는 이유는 비싼 배터리 가격과 짧은 주행거리라는 한계점 때문이다. 즉, 전기자동차용 중대형 리튬이차전지 시장 개화의 선결조건은 가격 문제 해결에 달려있으며 새로운 수요 창출 속도는 결국 가격하락 속도에 비례해서 빨라질 것으로 전망된다.

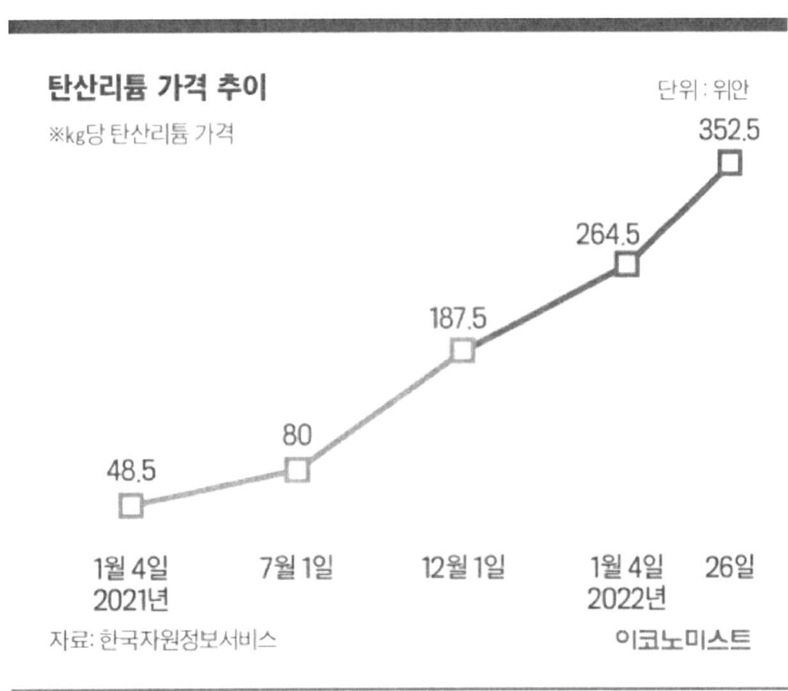

그림 48 리튬 가격 상승 추이

한국자원정보서비스에 따르면 2022년 초 탄산리튬 가격은 kg당 352.5(약 6만7052원) 위안까지 올랐다. 2021년 12월 27일 243.5위안(약 4만6318원)이었던 것과 비교하면 44% 오른 것이다. 리튬 가격은 리튬 화합물 1위 생산 국가인 중국의 화폐단위인 '위안'으로 책정한다. 리튬 가격을 2021년과 비교하면 증가세는 더욱 가파르다. 2021년 첫 거래일이었던 1월 4일 리튬가격은 48.5위안(약 9225원)이었다. 1년여 만에 626% 급등한 것이다.

앞으로 리튬의 수요는 더욱 늘어날 전망이다. 글로벌 시장분석기관인 S&P글로벌마켓인텔리전스는 리튬 수요가 2021년 50만4000t에서 2022년 64만1000t으로 늘어날 것이며, 이런 전망에는 전기차 수요 증가가 깔려 있다. 에너지 시장조사업체 SNE리서치는 2022년 전 세계 전기차 시장 규모가 850만 대에 달할 것으로 예측했다. 향후 전기차 수요 전망을 보면 리튬의 가치는 지속해서 치솟을 것으로 보인다.[38]

세계 리튬이온 배터리 시장은 2030년까지 매년 30%씩 성장해 3,000기가와트시(GWh)를 초과할 전망이다. 2021년 중반 기준으로, NCM811(니켈·코발트·망간 비중 8:1:1) 배터리 팩의 평균 가격은 KWh당 약 130달러이다. 전지 비용은 배터리 팩 총비용의 약 75%를 차지한다. 양극활 물질 및 음극활물질(CAM 및 AAM)과 같은 재료는 각 전지 비용의 70%를 차지하며 코발트, 황산니켈 및 리튬염과 같은 원자재 및 정제된 재료가 전지 비용의 30% 이상을 차지한다. 신재생에너지 보급 확대로 인해 전력망 안정을 위한 에너지저장에 대한 필요성이 높아지고 있으나, 보급 확대에 가장 큰 걸림돌은 비용 문제이다.[39]

이후로는 ESS 가격 하락과 함께 전력용 시장 내 사용처가 다양화되면서 시장 성장이 가속화될 것으로 기대한다. 환경에 대한 관심이 높아지면서 고전압 송전망을 확보하는 것이 어려워지고 있으며 신규 발전소 건설에 대한 부담 역시 증가하고 있다. 따라서 피크 전력에 대응하기 위해 전력 사용처 인근에 ESS를 설치할 가능성이 높다.

우리나라의 ESS용 리튬이차전지 수출은 최근 크게 증가했으며 수출 증가와 더불어 내수시장 확대를 위해 정책적으로 에너지 저장장치(ESS)를 전년대비 20% 이상 증가한 270MW를 국내 보급할 계획이고, 이 중 상당부분을 리튬 이차전지가 차지할 수 있을 것으로 보인다.

---

38) 이코노미스트 '한달 새 44% 오른 리튬가격, K-배터리 업체 대응책은?'
39) AEM '롤랜드버거, 리튬이온 배터리 원자재 공급 병목 경고'

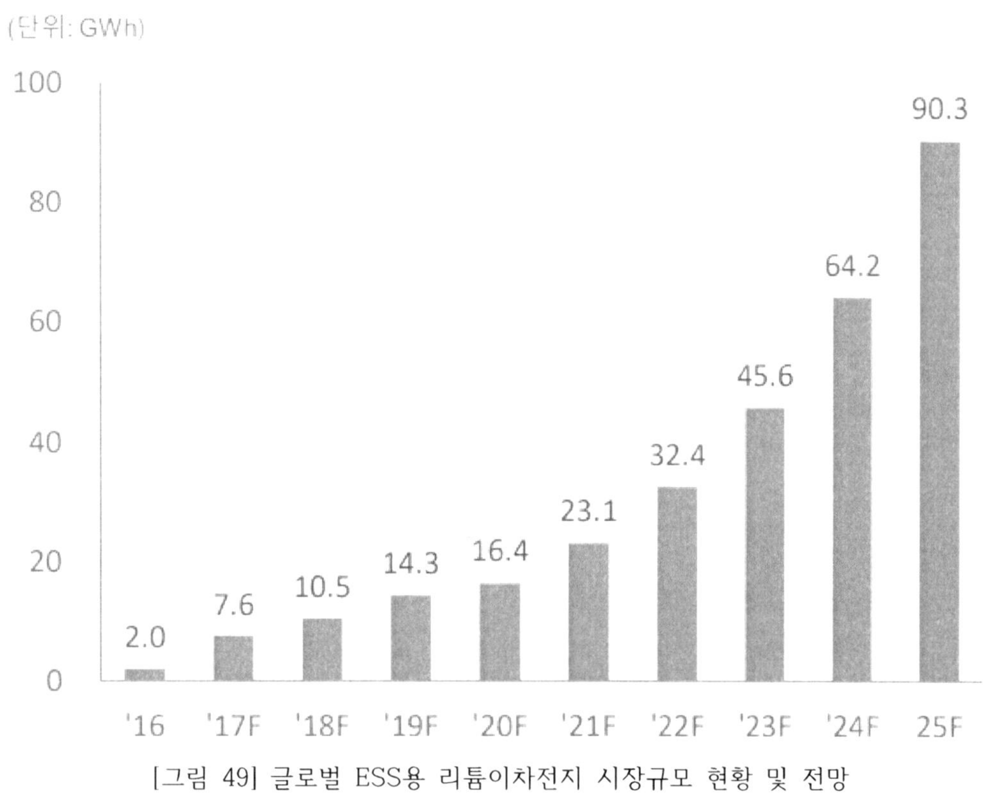

[그림 49] 글로벌 ESS용 리튬이차전지 시장규모 현황 및 전망

삼성전자에 따르면, 글로벌 리튬이온 전지 ESS 시장전망은 향후 2025년 77.6GWh로 연평균 48%의 고성장을 전망하고 있으며, 미국, 유럽, 일본, 호주 등의 선진 국가들은 전력망 노후화로 인한 전력계통 안정화, 신재생 발전의 활성화 그리고 비상 전원 확보를 중점으로 ESS 관련 정부 보조금에 기반한 대규모 실증사업을 진행하고 있다.

뿐만 아니라 ESS 설치 의무화 법안을 통과시키고 신재생에너지와 ESS를 연계할 경우 보조금을 지급하는 등 제도적으로 ESS 설치를 장려하고 있으며, 국내는 신재생 발전 설비에 ESS 연계 시 REC(Renewable Energy Certificate) 가중치 정책 및 '재생에너지 3020 이행 계획'에 따라 정부 차원의 ESS 산업을 육성하고 있어 꾸준히 성장할 것으로 기대된다.

최근에는 동남아, 아프리카, 중동 등 신흥국에서도 이러한 세계적인 추세에 합류하는 움직임을 보이고 있고 선진국 주도의 ESS 보급이 확산되고 있기 때문에 글로벌 ESS 시장 역시 지속 성장할 것으로 예상된다.[40]

---

40) MATERIAL ISSUE IN 2018, 삼성 SDI

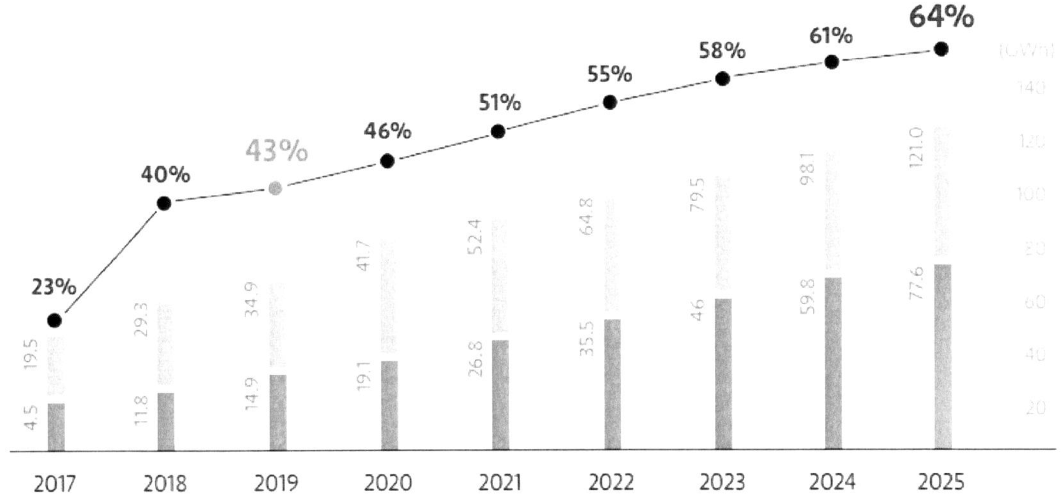

[그림 50] 글로벌 LiB-ESS 수요 전망 (회색: 전체, 파란색: LIB)

3) 에너지 저장 시스템(ESS)

 전세계 ESS 시장규모는 2030년까지 연평균 30% 이상씩 성장할 것으로 기대된다. 우드맥킨지 자료에 따르면 2021년에만 배터리 용량 기준으로 전 세계에 11GWh가 보급됐다. 2030년에는 164GW까지 늘어나 누적 설치용량 741GWh 규모를 기록할 것으로 보인다.[41] 특히, 전체 ESS 시장에서 리튬이온이 차지하는 비중은 2022년 40%대에서 2030년 81%로 확대될 전망이다.[42]

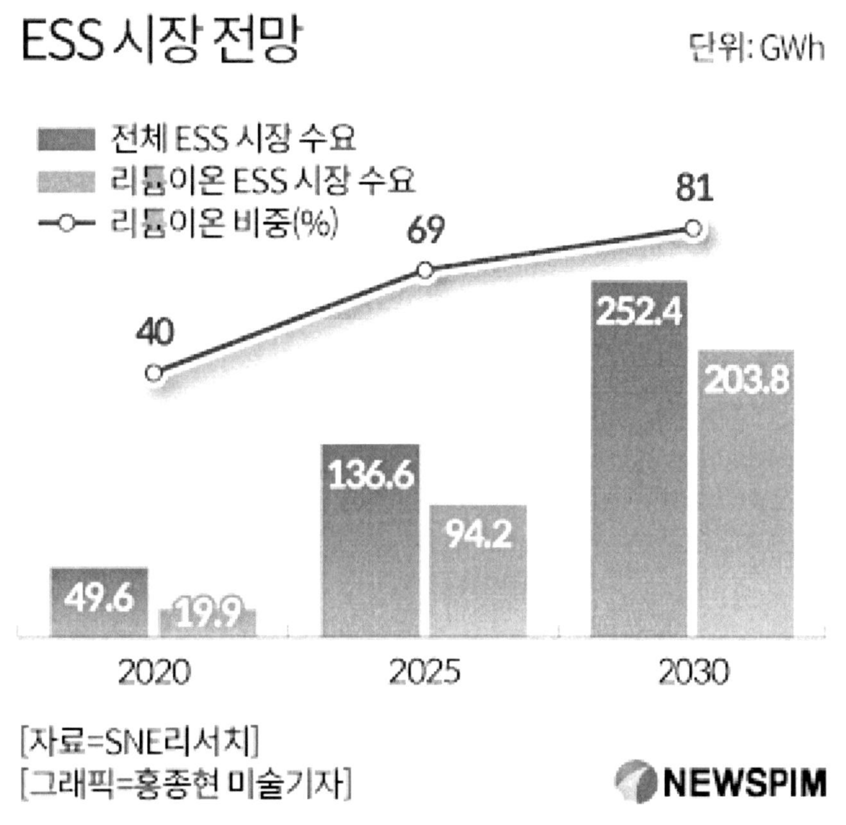

 현재 전력시스템은 피크타임(Peak time) 전력수요에 맞춰 전력용량을 증설해야 하는 구조이기에 전력 수요와 공급간 불일치가 발생할 수 밖에 없다. 이러한 단점을 ESS를 활용하여 전력수요가 적은 심야시간에 유휴전력을 저장하고, 수요가 급증하는 낮 시간에 전력을 공급함으로써 수요와 공급의 불일치를 해소하고 전력시스템의 효율을 개선할 수 있는 장점이 있는 것이다.

---

41) 투데이에너지 '[기획]시장 무너진 ESS활성화 방안 고심해야'
42) 뉴스핌 'ESS 국내시장 위축에... 삼성SEI·LG화학, 글로벌 점유율 하락'

또한, 태양광, 풍력 발전 등의 신재생에너지는 기술 발전으로 발전 원가가 계속 하락하면서 설치량이 증가하고 있다. 그러나 미국, 유럽 등 신재생에너지 비중이 높아진 지역에서는 전력 망의 불안정 이슈가 확대되고 있다. 이와 더불어 낮은 전력품질 문제로 산업체 가동 중단 및 전자기기의 고장 등의 여러가지 문제를 일으킬 가능성 역시 존재한다. 신재생에너지 사용 확대 및 문제 해결을 위해 에너지저장 기술의 필요성이 더욱 커질 것이며, 에너지저장 산업은 전력산업 변화의 핵심기술로 부상할 전망이다.

시장 조사기관인 SNE리서치에 따르면, 글로벌 ESS 수요는 2022년 19.9Wh에서 2030년 203.8GWh로 연평균 26% 성장이 예상된다. 성장성이 큰 시장으로는 북미가 떠오르고 있으며 친환경에 관심이 높은 유럽과 함께 장기적으로는 중국, 호주, 중동, 동남아, 인도 등 시장에서 도 ESS 수요가 커질 것으로 전망된다.

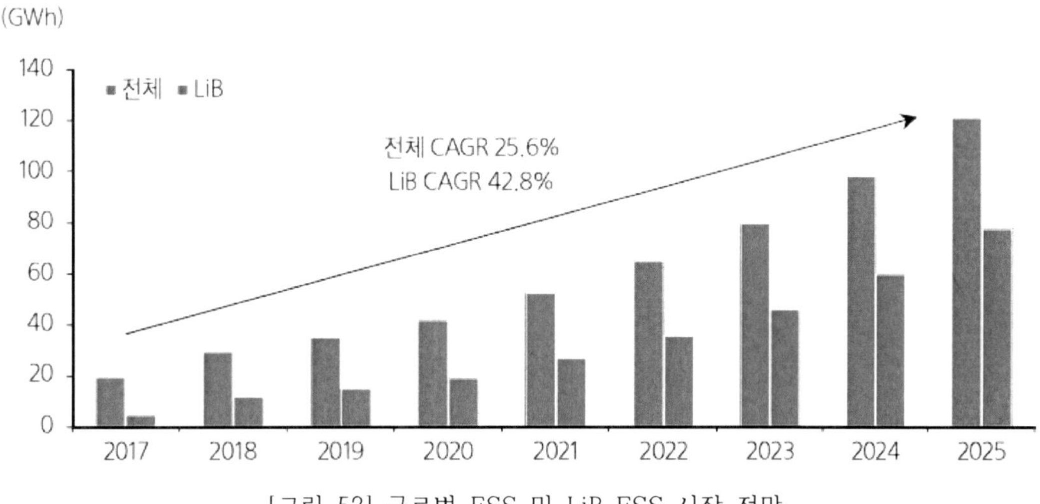

[그림 52] 글로벌 ESS 및 LiB ESS 시장 전망

LiB-ESS 시장 규모는 금액기준으로 보면 2017년 14억 달러에서 2025년 158억 달러로 10배 가까이 커질 것으로 추정하고 있다. 이 경우 LiB-ESS에 들어가는 배터리팩 판가는 2017년 kWh당311달러에 해당된다. SNE리서치는 25년까지 kWh당 204달러 배터리팩을 전망한 셈이 다. ESS시스템에서 배터리팩 비중을 50%로 가정하면 2017년 1kWh당 ESS시스템 판매가는 622달러에 해당되고 이는 여러 시장 조사기관의 전망자료에 상응하는 수치다.

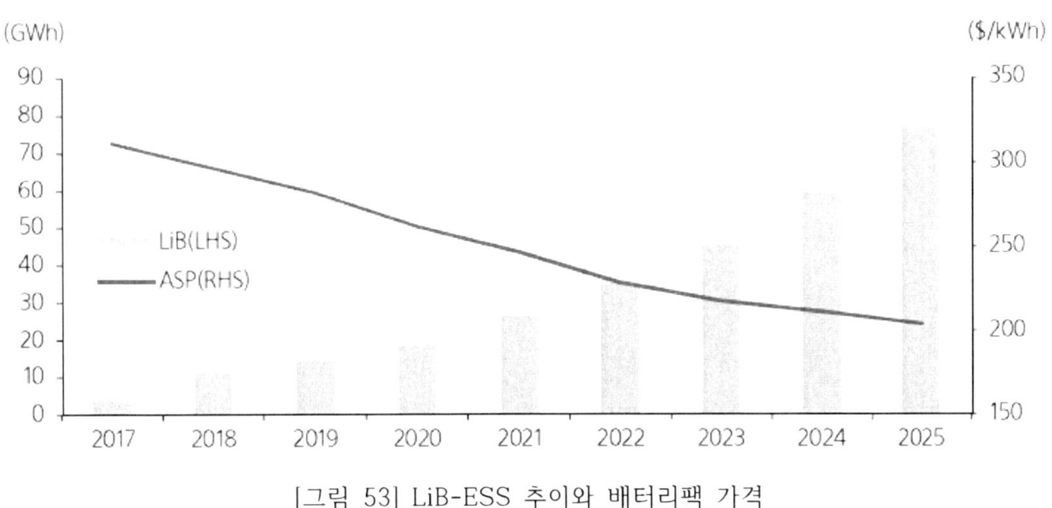

[그림 53] LiB-ESS 추이와 배터리팩 가격

SNE리서치와 달리 BNEF의 분석 자료를 검토해 보면, 2030년까지 글로벌 ESS 보급 규모는 2016년 대비 6배 커진 300GWh까지 성장할 것으로 전망하고 있다. 연평균으로 ESS시장 규모가 34%씩 확장될 것으로 본 것이다. 이 추세는 2000년에서 2015년까지 태양광 산업이 성장했던 궤적과 유사하다. (이 기간 태양광산업의 성장률은 7배)

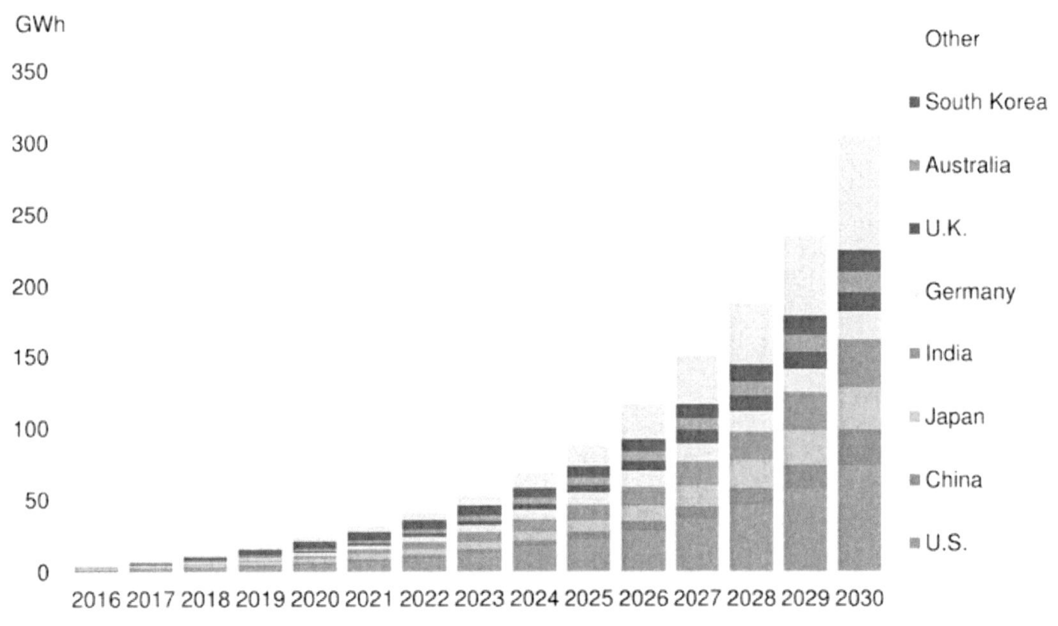

[그림 54] BNEF의 글로벌 ESS 누적 보급 규모 (GWh)

BNEF가 발표한 내용에 따르면 ESS시스템 원가하락으로 인해 ESS 설치수요가 더욱 확대되어 2040년까지 2.8TWh(942GW)까지 커질 것으로 보았다. 남은 기간 동안 6,200억 달러 규모의 대규모 투자를 수반하는 것이다. (이를 평균가격으로 환산하면 보급된 ESS의 kWh당 가격은 220 달러에 해당된다.)

하지만 BNEF의 전망치는 상당히 보수적으로 판단된다. BNEF의 로직에 따르면 한 해 ESS 설치 규모는 20년 이전에는 2~3GWh로 추정한 셈이다. 즉 여러 ESS중에 리튬이온 2차전지 기반의 ESS(LiB-ESS) 20년 이전의 보급규모는 BNEF의 전체 ESS 시장 예상치를 5년 이상 앞서고 있다는 계산이 나왔다.

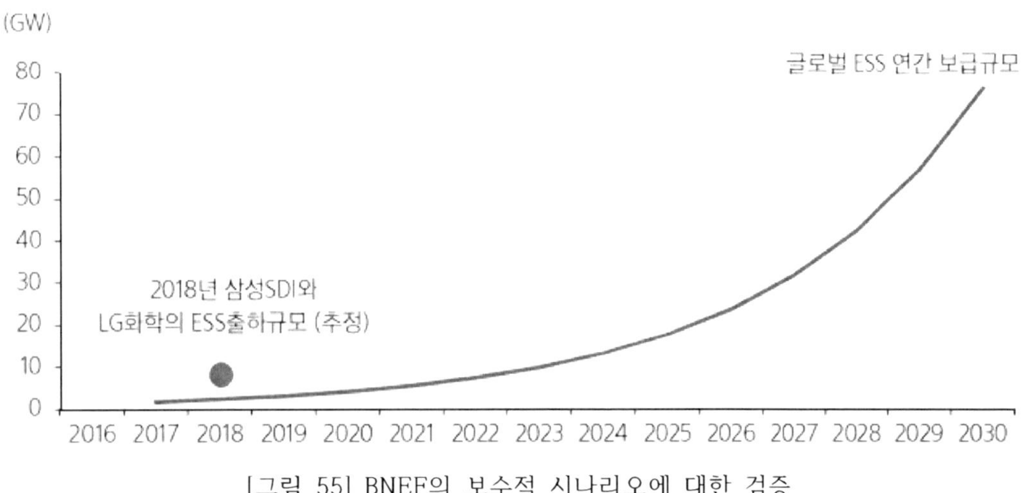

[그림 55] BNEF의 보수적 시나리오에 대한 검증

산업통상자원부의 '2021년 전기설비 현황'에 따르면 2021년 ESS 총 설비용량은 9863MWh로 전년인 2020년(9503MWh) 대비 3.8%(360MWh) 늘어나는 데 그쳤다. 2020년 한 해 동안 2866MWh 늘어난 것과 비교하면 8분의 1로 급감했다.

산업통상자원부에 따르면 1MWh당 설치비는 약 5.4억원이다. 풀어보면 ESS설치비용은 kWh당 500달러 수준인데, ESS용 배터리 팩 비용을 kWh당 300달러로 가정하면 ESS 시스템을 구축하는 사업자 입장에서 배터리 팩 비용 부담은 60% 수준이다.

특히 과거 ESS에서 잇따라 화재가 발생하면서 정부의 안전규제가 강화됐고, 충전 용량도 실외 90%, 실내 80% 수준으로 제한된 영향이다. 이로 인해 신재생에너지 공급인증서(REC) 가중치가 더 이상 적용되지 않으면서 사업자들은 ESS를 설치하지 않게 됐다.

이에 정부는 2022년 초 발생한 2건의 ESS 화재 등을 포함한 3차 조사 결과를 토대로 상반기 중 더욱 강력한 규제를 내놓을 것으로 관측된다.[43]

---

43) 서울파이낸스 '신재생 단짝 ESS 전세계 주목...국내 시장은 정체'

　한편, SNE리서치에 따르면 앞으로의 한국 시장이 정체되면서 상대적으로 글로벌 시장 점유율은 하락할 것으로 추정하고 있지만, 한국의 에너지 정책은 단계적으로 원전과 석탄발전 가동을 중단하고, 2030년까지 전체 발전량의 20%를 신재생에너지로 공급하겠다는 목표다. 신재생에너지 비중이 늘어난다는 것은 출력의 변동성을 전력계통에서 안정적으로 수용할 필요가 존재한다. 이러한 계통의 안정성을 위해서는 ESS가 필수적이기 때문에 한국 ESS의 수요 시장의 변화 가능성은 얼마든지 존재한다.

4) 충전인프라[44]

최근 국제에너지기구(IEA)가 발표한 2021년 글로벌 전기차 시장 동향 보고서에 따르면, 2021년 글로벌 전기차 판매량은 660만대로, 2019년(22만대) 대비 3배 이상 늘어나며 역동적인 성장세를 보인 것으로 나타났다. 2019년 220만대를 판매했던 전기차는 2020년 300만대를 돌파했고, 2021년에는 660만대까지 가파른 성장세를 보이며, 전체 자동차 시장의 약 9%의 점유율을 차지하고 있다.

전기차의 폭풍 성장에는 중국의 영향이 가장 크다. 중국은 이전보다 3배 이상 증가하며 2021년 판매량이 340만대를 기록, 글로벌 전기차 시장을 선도했다. 중국의 판매량은 2020년 전 세계에서 판매된 것보다 더 많은 기록이다.

유럽도 '전기차' 천국으로 불리고 있다. 유럽의 전기차 판매는 2021년에 약 70% 증가한 230만대를 기록했다. 그 중 절반은 플러그인하이브리드(PHEV)가 차지했다. 2021년 유럽에서 전기차 판매가 급증한 데는 유럽의 신규 CO_2 배출기준 강화와 주요 유럽시장의 전기차 구매보조금 인상에 기인한 것으로 분석된다. 이러한 환경 때문에 유럽의 2021년 12월 월간 전기차 판매는 21%의 시장점유율로, 처음 디젤차를 추월, 최고조에 달했다. 판매 점유율로 보면 노르웨이가 72%, 스웨덴과 네덜란드가 각각 45%와 30%로, 상위에 올라 있다.

특히 독일은 25%로, 유럽의 대규모 자동차 시장 중 단연 가장 높은 시장 점유율을 보인다. 이어 영국과 프랑스(모두 약 15%), 이탈리아(8.8%), 스페인(6.5%)이 그 뒤를 따르고 있다.

미국은 꾸준한 성장세로 전기차 시장의 핵심 축으로 자리하고 있다. 2021년 전기차 판매량이 50만대를 넘어 2배 이상 증가함으로 인상적인 회복세를 보였다. 연방 인센티브 프로그램이 갱신되지 않았지만 소비자는 여전히 관대한 세금공제 혜택을 받을 수 있기 때문에 전기차에 대한 진입벽이 높지 않다.

우리나라도 2021년 2배 이상 성장세를 기록하고, 시장 점유율도 8%까지 끌어올리며, 글로벌 전기차 시장에서 핵심국가로 자리매김했고, 호주도 2021년에 3배 이상 증가하며 소규모 시장 중 가장 큰 역동성을 보였다.

반면, 일본은 전기차 판매가 거의 증가하지 않아 지난 3년간 점유율이 1% 미만에 그쳤고, 브라질, 인도, 인도네시아와 같은 대규모 개발도상국의 점유율은 여전히 1% 미만이라 전기차의 격차가 더욱 커지고 있다.[45]

---

44) 전기자동차 충전인프라 보급현황 및 기술동향, KIPE, 2019
45) 에너지신문 '2021년 전세계 전기차 660만대 판매... 2년전보다 3배 늘어'

매년 전기차 전망 보고서를 발표하는 국제에너지기구(IEA)는 2021년에 낸 자료에서 2020년 말 기준으로 세계 공공 전기차충전소가 130만여 곳이라고 밝혔다. IEA가 2029년까지 필요하다고 보는 공공 충전소 수인 4000만 곳에 한참 모자란 수치다. 2021년 12월 보스턴컨설팅그룹(BCG)은 세계 3대 전기차 시장인 유럽・중국・미국에서 2030년까지 설치될 공공 충전소는 650만 곳 가량에 그칠 것으로 전망했다.[46]

산업통상자원부 신산업분산에너지과 담당자에 따르면 "국내 전기차 규모는 2021년에 23만 8000대, 충전 인프라는 10만7000기"라며 "2025년이 되면 전기차 규모가 120만대 및 충전 인프라는 61만9000기로, 2030년은 전기차 362만대 및 충전 인프라 136만기가 될 전망이다"고 밝혔다. 2021년 국내 전기차 1대당 충전기가 2.2대였다면 2025년엔 1.9대, 2030년은 2.7대 수준이 될 것이란 예상이다.[47]

전기차 수요가 증가함에 따라 충전기 인프라에도 많은 투자가 이뤄진다. 한전은 2025년에 공용 급속 충전기 1.7만기, 완속 50만기를 구축하겠다는 계획을 발표했다. 급속 충전기는 고속도로・국도휴게소, 공영주차장 등에 구축하며, 완속 충전기는 거주지, 직장 등에 전기차 두 대당 충전기 한 기 이상 비율로 구축할 예정이다. 충전기 부족 현상 방지를 위해 2022년 1월 전기차 충전시설 의무설치 대상 확대와 비율을 강화하기도 했다.

한전은 플랫폼 서비스로 충전사업자 및 운전자에게 편의를 제공하는 사업을 개발 및 진행 중이다. 충천사업자가 자사의 충전기가 없는 지역에서도 제휴된 타사의 충전기를 통해 가입자에게 서비스를 제공하는 '로밍'을 지원하기 위해 플랫폼을 제공해 중개 역할을 하고 있다. 사업자 간 그룹별 로밍시스템을 구축할 필요 없이 한전의 플랫폼으로 타회사 전체와 로밍이 가능하도록 만들었다.[48]

충전인프라 구축에는 상당한 투자가 필요하지만 정책적으로 낮은 충전요금과 더딘 전기자동차의 보급으로 상당기간 충전서비스 사업의 경제성 확보는 어려울 것으로 전망된다. 하지만 전기자동차의 지속적인 보급으로 충전인프라 구축과 서비스 사업은 전기자동차 증가 속도에 따라 점진적으로 경제성을 확보할 것이다. 전기자동차의 확산에 대비하여 SK, GS와 같은 기존의 주유소 사업자들도 주유소에 급속충전기를 설치하여 서비스를 준비 중이다.

Frost & Sullivan은 현재 알려진 바와 같이 9억 불의 투자를 통해 2025년까지 전 세계에 26만 개의 충전소가 설치됨에 따라 34.6%의 성장률을 보일 것으로 예상했다.[49]

46) TECHWORLD '전기차 9대당 충전소는 1곳뿐…세계는 충전갈등'
47) BUSINESS watch '전기차 충전인프라 늘릴 대안은…'
48) e4dsnews '[EV·전기차 충전기 워크숍] 한전, 전기차 충전 인프라 확대 박차'
49) 전 세계 전기자동차 충전기술 분석 및 2025 전망, KEPCO Journal on Electric Power and Energy, 2020.03

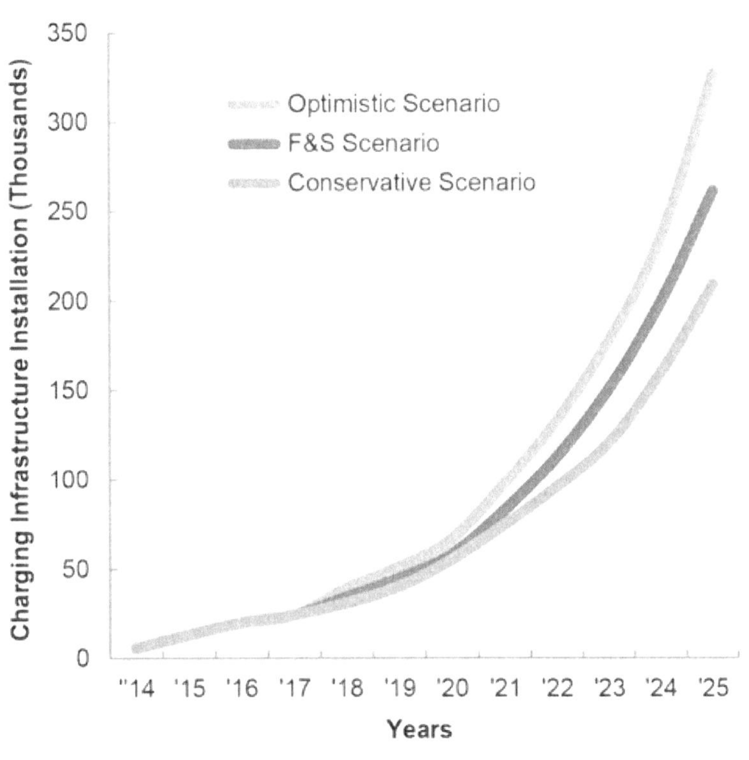

[그림 56] 세계 충전소 설치 전망

전기자동차의 확대와 함께 직류 충전기 시장은 2025년 31.4%의 성장률을 달성할 수도 있다. 반면 차량에 탑재된 충전기는 그때까지 더 큰 용량을 가질 것으로 기대된다. 3-3.7 kW 용량의 차량 탑재형 충전기 시장은 고속 충전의 채택이 늘어남에 따라 쓸모가 없어져 현재 33.3%의 시장 점유율이 2025년 9%까지 축소될 것이다.

배터리 전기자동차는 2025년까지 11 kW 및 22 kW 충전기를 표준으로 채택할 것이다. 이런 차량은 현재는 3.7 kW 충전기를 사용 중이다. 플러그인 전기자동차의 경우 더 긴 주행거리와 높은 배터리 용량에 집중할 것이다. 따라서 6.6-7.4 kW 충전기가 이상적일 것이다. 또한, 폭스바겐, 르노닛산, BMW, 현대자동차그룹이 약 190만 대의 차량 탑재형 충전기 시장을 선도할 것이다. 대부분은 6.6-7.4 kW 충전기를 사용할 것이다.

고속 충전이 2025년까지 31.4%의 연평균 성장률을 보이며 성장할 것으로 기대되어, 직류 충전을 지원하는 전기자동차가 290만 대에 이를 것이다. 50 kW 콤보 충전을 지원하는 BMW의 i3 및 미쓰비시 아웃랜더 플러그인 전기자동차가 시장에서 가장 잘 팔리고 있다. 테슬라, 르노닛산, 폭스바겐이 120만 대의 고속 충전기를 가지고 있는 북미와 유럽이 고속 충전을 채택한 중요 지역이 되어 왔다.

2021년 이후 무선 충전이 더 높은 비율로 채택되어 증가할 것으로 기대된다. 2025년까지 3.6kW 무선 충전기가 플러그인 하이브리드의 중요 특징이 될 것이며, 11 kW급은 배터리 전기자동차에 보급될 것이다.

퀄컴, Electroad, WiTricity 등이 전 세계에 무선 충전인프라의 주요 공급자이다. BMW, 르노닛산, GM과 같은 자동차 제작사들은 무선 충전인프라를 채택하는 데 가장 중요한 요인이 될 것이다.

대부분의 자기유도 무선충전은 주행 중 충전보다는 정치형 충전에 사용될 것이다. 자기유도 무선충전은 유럽과 미국에서 인기를 끌 것이다. 하지만 일반적인 충전인프라는 유럽에서 더 확실하게 사용될 것이다. 자기유도 무선충전은 2020년까지는 정치형 충전에서 선호되다가 그 이후 주행 중 충전에 도입될 것이다.

SAE, IEC, ISO 등 3개의 협회가 자기유도 무선충전 기준을 개발 중이다. 하지만 협회 간 조정 능력의 부재는 자동차 제작사가 자기유도 무선충전을 도입하는 데 주된 걸림돌이 되고 있다. 지역적인 자기유도 무선충전 기술의 개발은 주로 해당 지역의 자동차 제작사와 개발자의 주도로 이루어지고 있다. 아우디, 폭스바겐, BMW, 다임러는 유럽에서, 닛산, 토요타, 혼다는 일본에서, GM은 미국에서 이 기술을 채택하였다.

IEC 61890, SAE J2954가 송신기 구성, 자동차 내 수신기 위치, 통신규격, 운영 주파수 등의 표준화를 통해 전 세계의 자기유도 무선충전 규격을 조율하기 위해 노력 중이다.

특히 한·미·일은 전기차 무선 충전 기술의 미래 주도권 선점을 위해 표준안 선점에 혈안이다. 미국은 다수 특허를 선점한데 이어 11㎾ 표준안까지 내놨지만 아직 표준이 나온 것은 아니다. 한국과 일본은 전기차 무선 충전을 위한 국제 통신 표준 선점 등으로 경쟁력을 키우겠다는 반응이다. 한국은 11㎾이상 고출력 관련 기술 표준 선점을 노리고, 일본은 현재 널리 사용되는 11㎾이하 무선 충전 기술 표준을 제안했다.[50]

---

50) IT chosun '전기차 무선충전 표준 놓고 한미일 삼국지'

전기자동차 기술 동향

4. 전기자동차 기술 동향
가. 배터리[51][52]

일반적으로 전기차 배터리는 셀(Cell), 모듈(Module), 팩(Pack)으로 구성된다. 수 많은 배터리 셀을 안전하게 그리고 효율적으로 관리하기 위해 모듈과 팩이라는 형태를 거쳐 전기차에 탑재하는 것이다. 셀, 모듈, 팩은 쉽게 배터리를 모으는 단위로 생각하면 된다. 배터리 셀을 여러 개 묶어서 모듈을 만들고, 모듈을 여러 개 묶어서 팩을 만드는 것이다. 전기차에는 최종적으로 배터리가 하나의 팩 형태로 들어가게 된다.

배터리의 기본이 되는 셀은 자동차 내 제한된 공간에서 최대한의 성능을 발현할 수 있도록 단위 부피당 높은 용량을 지녀야 하고, 일반 모바일 기기용 배터리에 비해 훨씬 긴 수명이 필요하다. 또한, 주행 중에 전달되는 충격을 견디고, 저온/고온에서도 끄덕 없을 만큼 높은 신뢰성과 안정성을 지녀야 한다.

여러 개의 셀은 열과 진동 등 외부 충격에서 좀 더 보호될 수 있도록 하나로 묶어 프레임에 넣게 되는데, 이 상태를 모듈이라고 부른다. 그리고 모듈 여러 개를 모아 배터리의 온도나 전압 등을 관리해 주는 배터리 관리시스템(BMS, Battery Management System)과 냉각장치 등을 추가한 것이 배터리 팩이다. 이런 방식으로 전기차에는 배터리 셀 여러 개가 하나의 팩 형태로 들어가게 된다.

구분	정의
배터리 셀(Cell)	전기에너지를 충전, 방전해 사용할 수 있는 리튬이온 배터리의 기본 단위로 양극, 음극, 분리막, 전해액을 사각형의 알루미늄 케이스에 넣어 만든다.
배터리 모듈(Module)	배터리 셀(Cell)을 외부충격과 열, 진동 등으로부터 보호하기 위해 일정한 개수로 묶어 프레임에 넣은 배터리 조립체(Assembly)
배터리 팩(Pack)	전기차에 장착되는 배터리 시스템의 최종형태로 배터리 모듈에 BMS(Battery Management System), 냉각시스템 등 각종 제어 및 보호 시스템을 장착하여 완성된다.

[표 7] 배터리의 구조

많은 소비자들이 전기차 구매를 고려할 때 가장 큰 고려 요인을 '주행가능 거리'로 생각한다. 이를 위해 배터리 기업들은 같은 부피에 더 많은 에너지를 넣을 수 있도록 '고 에너지 밀도' 배터리 셀을 개발하는 데 박차를 가하고 있다. 업계에서는 보편적으로 셀 개발 방향이 에너지 밀도를 더욱 높이면서 안전성도 확보하는 쪽으로 가는 양상이다.

---

51) 전기차 배터리 구성, 셀? 모듈? 팩? 바로 알자!, 삼성 SDI
52) 전기자동차 시장 및 배터리 관련 기술 연구 동향, 김양화 외 3인, Trans. of Korean Hydrogen and New Energy Society, Vol. 30, No. 4, 2019, pp. 362~368

배터리 셀 개발에 대한 방향성이 어느 정도 잡힌 반면, 최근에는 모듈과 팩 기술에 대한 관심이 높아지고 있다. 그 동안에는 배터리 셀 성능에 대해 집중했다면, 이제는 모듈과 팩을 얼마나 더 효율적으로 설계하고 구성하느냐 하는 고민을 맞이하고 있는 상황이다. 전기차에 최종적으로 탑재되는 형태는 팩 형태이기 때문에, 팩의 스펙이 전기차의 전반적인 디자인과 긴밀한 관계를 갖는다. 전기차에 탑재되는 배터리 팩이 얼마나 슬림하냐에 따라 전기차의 디자인이 더 멋있게 바뀔 수 있는 것이다. 배터리 셀의 에너지 밀도를 높이는 것은 기본이고, 이제 모듈과 팩 디자인 경쟁이 치열해지고 있는 이유이다.

리튬이온 배터리의 추가 개선을 위해 확인된 주요비용 및 성능 드라이버에는 배터리 화학, 에너지 저장 용량, 제조 규모 및 충전 속도가 포함된다. 몇몇 리튬이온 기술은 성능 향상 및 추가 비용 절감 가능성을 보여주지만 현재의 기술 준비 수준은 여전히 낮다.

대규모 배터리 제조 시설에 대한 투자 발표로 인해 전기 이동수단의 미래에 대한 신뢰도가 높아지고 있으며 생산 능력이 향상되면 배터리 비용이 더욱 절감될 수 있다. 전기자동차 및 내연 기관 차량의 TCO를 분석한 결과 배터리 비용 절감은 차량 구매 결정을 내리는 개인에게 큰 도움이 된다.

배터리 생산을 위한 산업 시설의 규모 확장은 대규모 생산으로 비용 절감에 도움이 된다. IEA의 분석에 따르면 현재의 전형적인 공장 용량은 약 0.5 GWh/year에서 8 GWh/year까지이지만, 대부분의 대형 공장은 약 3 GWh의 용량을 가지고 있다. 전형적인 배터리 용량 범위인 20-75 kWh를 고려할 때, 이 공장의 용량은 연간 생산량이 6,000-400,000팩으로 계산된다.

배터리 제조 능력에 대한 다양한 가정과 함께 BatPaC 모델을 사용하면 연간 생산량이 10,000팩에서 50,000팩으로 증가하면서 배터리 비용이 9% 감소할 수 있는데 이는 배터리팩 100,000팩에서 500,000팩까지 증가하면 배터리 비용이 12%까지 감소할 수 있다는 것을 의미한다.

1) 급속충전

현재 충전 속도는 고속 충전기로 약 40-60분 내에 80% 충전이 가능하다. 이러한 충전 속도는 현재 배터리 설계에 대한 문제가 되지 않는다. 충전 방식은 전 세계적으로 다르지만 충전 속도를 최대로 높이면 (300-400 kW) 내연기관차량과 전기자동차의 성능 격차를 줄일 수 있기 때문에 바람직한 기능이다. 초고속 충전을 위한 배터리 설계는 설계의 복잡성을 증가시키고 수명을 단축시킨다.

빠른 충전을 수용하려면 전극의 두께를 줄이는 것과 같은 특정 배터리 설계 고려 사항이 필요하다. 이러한 추가 설계 제약은 배터리 비용을 증가시키고 에너지 밀도를 감소시키는 경향이 있다.

적절한 설계와 적절한 크기의 열 관리 시스템을 사용하면 급속 충전의 증가가 배터리의 수명에 영향을 미치지 않을 것으로 예상된다. 반면에 미국 에너지부에서 실시한 분석에 따르면 400 kW 충전을 수용하도록 배터리 설계를 변경하면 셀 비용이 거의 두 배가 될 것이라고 한다.

2) 리튬이온 배터리의 2차 사용

Plug-in electric vehicle (PEV) 배터리의 상당수는 초기 용량의 70%로 차량 수명이 끝날 때까지 사용할 수 있다. 전기자동차 배터리 2차사용 연구에 따르면 전기자동차 배터리는 몇 가지 2차사용에서 10년 더 지속될 수 있으며 20-50 $/kWh의 수익성을 가진다. 2차사용 구현 시 당면하게 될 과제로는 수익성 있는 비즈니스 모델, 새 배터리의 용도 변경 및 가격 인하 비용, 보증 문제 및 소유권 문제, 2차사용에서의 예상 수명 예측, 수명이 끝난 배터리 폐기 규정 부족이 있다.

3) 리튬이온 배터리 재활용 문제

리튬이온 배터리는 주로 다양한 양극재로 인해 재활용에 어려움을 겪고 있다. 배터리 재활용 혁신은 물질 부족이나 가격 상승을 완화할 수 있고 주요 재료의 비용을 절감한다. 연구에 따르면 재활용 양극 재료(NMC)는 비용을 25$/kg에서 10 $/kg으로 줄일 수 있다.

리튬 공급이 충분한가를 결정하기 위한 연구가 수행되었다. 리튬은 리튬 배터리의 배터리 중량의 3%에 불과하다. Chevy volt에서 나오는 450 kg의 배터리 팩에서는 리튬을 약 13 kg 함유하고 있다.

Cell component	Pb-acid	Lithium-ion
	98% Recycled	3% Recycled
Cathode	PbO_2	LCM, NCM, LEP, NCA or LMO
Cathode plate/foil	Pb	Al
Anode	Pb	graphite
Anode plate/foil	Pb	Cu

[표 8] Lithium-ion battery recycling challenges

현재 리튬이온 배터리 재활용에는 리튬이 회수되지 않고 있다. 경제적인 문제는 존재하나, 기술적으로는 문제가 되지 않는다. 비용이 계속해서 상승할 경우에는 재활용 업체에 의해 리튬이 회수될 가능성이 있다.

4) 배터리 재료

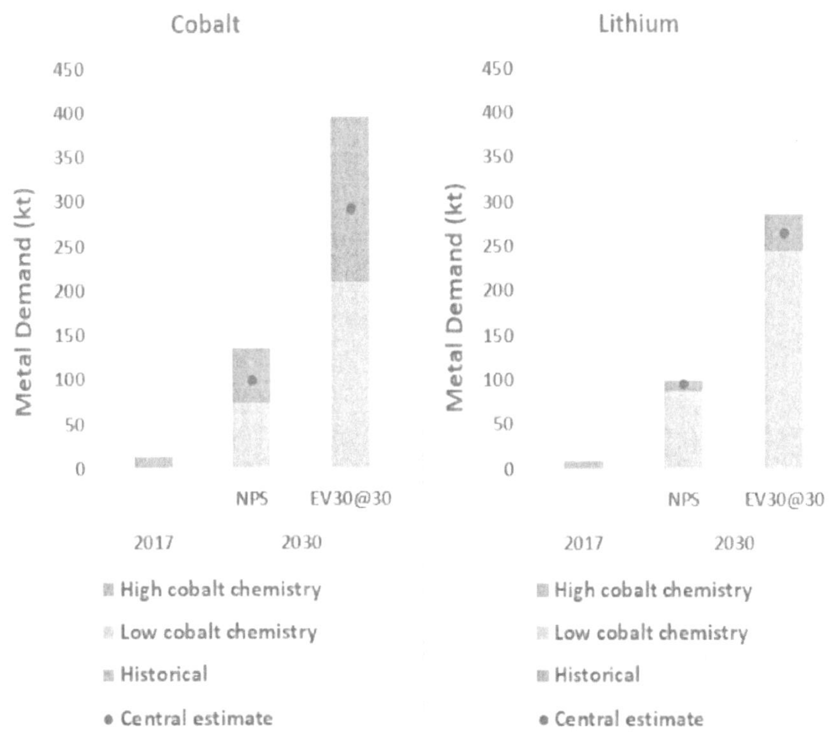

[그림 58] Cobalt and lithium demand, 2017 and 2030

코발트는 현재 니켈과 구리의 부산물로 채굴되고 있으며 시장 규모가 제한적이다. 이것은 오늘날 코발트 공급이 다른 재료의 시장과 구조적으로 연결되어 있으며 전기자동차에서 예상되는 수요 증가에 신속한 대응 가능성이 떨어진다는 것을 의미한다. 현재 코발트 생산량의 60% 가량이 콩고민주공화국(DRC)에 집중되어 있다. 콩고민주공화국은 분쟁지역이기 때문에 생산이 안정적이지 못하다. 게다가, 원료 코발트를 정제하고 가공하는 능력은 중국이 90%를 차지하고 있기 때문에 코발트의 공급을 위태롭게 할 수 있다.

코발트와 리튬의 수요는 향후 10년 간 크게 증가할 것으로 예상된다. 이것은 공급 병목 현상의 위험을 줄이기 위해 생산에 대한 투자가 필요하다는 것을 지적하는 중요한 신호이다. 또한 코발트와 리튬에 대한 향후 수요가 다음 두 가지 유형의 불확실성에 영향을 받는 것을 나타낸다. 첫 번째 불확실성은 전기자동차의 판매율이며, 두 번째 불확실성은 배터리에 사용할 화학 물질의 선택이다.

2030년에 양극재의 시장 점유율이 NMC 811 50%, NMC 622 40% 및 10%의 NCA로 추정된다. 이 가정에 따르면, 2030년의 코발트 수요는 새로운 정책 시나리오에서 101 kt/year이며 리튬 수요는 91 kt/year에 이른다. EV30@30 시나리오에서 이러한 값은 훨씬 높아서 2030년에 291 kt/year, 263 kt/year에 달한다. 2030년에 NMC 811 양극이 보급된다면 리튬에 대한 수요는 코발트에 대한 수요보다 높을 것으로 예상된다.

EV30@30 시나리오에서 리튬 수요가 크게 증가하는 주된 이유 중 하나는 주로 LFP 양극 화학을 기반으로 하며 코발트 수요에 영향을 주지 않는 것으로 가정된 대형 차량의 수요가 추가된다는 점이다.

또한, 양극재의 변화가 리튬보다 코발트 수요에 상당한 영향을 미칠 것으로 전망되는데, 이것은 NMC 111에서 NMC 622 및 NMC811 양극으로 전환함으로써 전지 제조업체의 연구 및 개발 노력으로 전지의 에너지 밀도를 높이는 것이 코발트에 대한 수요에 큰 영향을 미친다는 사실을 반영한다.

코발트와 리튬의 수요가 급격히 증가하는 것에 대비하기 위해서는 원자재 공급에 대한 투자가 필요하다. 그러나 수요에 대한 불확실성이 높기 때문에 자재 공급 업체는 투자를 하지 않을 수도 있다. 잠재적인 수단은 코발트에 대한 수요가 향후 10년 안에 감소할 가능성이 거의 없다는 점을 고려하면 공급 업체와 제조 업체 간의 장기계약을 사용할 수 있다. 이러한 맥락에서 공공 정책의 주요 역할은 도로 교통의 전기화에 대한 명확한 비전을 제시함으로써 전기 자동차 판매의 미래 불확실성을 줄임으로써 투자를 촉진하는 것이다.

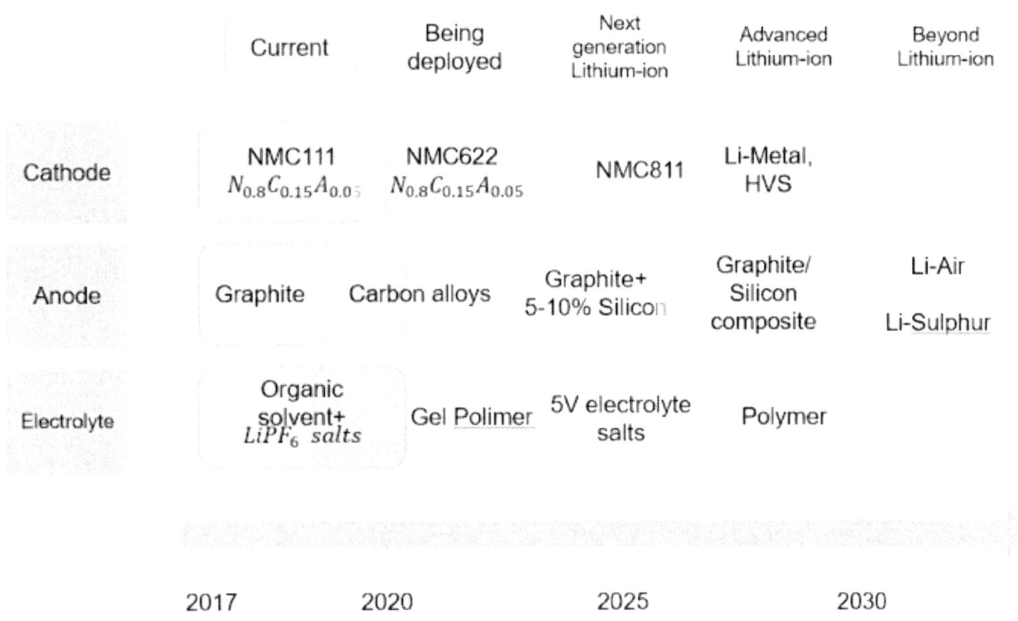

[그림 59] Battery technology expected to be commercialized

5) 차세대 배터리 기술 발전

최근 배터리 기술 평가 결과에 따르면 리튬이온은 향후 10년 동안 사용될 기술로 남아있을 것으로 예상된다. 향후 몇 년 내에 배치될 가능성이 있는 전지 기술의 주요한 발전은 다음과 같다.

국내에서 양극재의 경우 포스코케미칼이 니켈 함량을 극대화한 N96 하이니켈 단입자 양극재를 개발하고 있다. 니켈-코발트-망간 등의 소재를 하나의 입자 형태로 단단하게 결합해 강도와 열안정성을 높인 제품이며, 현재 완성차사 및 배터리사의 요청과 세부 스펙에 맞춰 다양한 하이니켈 단입자 양극재의 개발을 완료하고 양산을 추진하고 있다.[53]

차세대 리튬이온 배터리가 2025년경 대량 생산 시장에 진입하면 NMC811 양극, 낮은 코발트 함유량 및 높은 에너지 밀도를 가지고 있을 것으로 예상된다. 실리콘은 흑연 음극에 소량으로 첨가하여 에너지 밀도를 최대 50%까지 증가시킬 수 있으며, 고전압에도 견딜 수 있는 전해질 염이 성능 향상에 기여할 것이다.

2025-2030년 동안 상당히 높은 에너지 밀도를 보장하는 기술은 시장에 진입할 가능성이 높으며 리튬이온 배터리의 한계를 뛰어 넘을 것이다. 예를 들어 리튬 금속 양극은 리튬이온 배터리의 대한 유망한 방법이다. 실리콘 합성물로 제조된 음극에 의존하지 않고 향상된 성능이 디자인에 도입될 수 있다. 또한 이 기간 동안 고체 상태의 전해질을 도입하여 에너지 밀도 및 배터리 안전성을 더욱 향상시킬 수 있다. 리튬이온 기술은 더 높은 이론적 에너지 밀도와 더 낮은 이론적 비용을 자랑하는 다른 배터리 설계에 의해 추월될 수 있다. 예를 들면 Li-air와 Li-sulfur배터리가 있다. 그러나 기술 수준은 매우 낮고 실제 성능이 아직 테스트되지 않았으며, 리튬이온의 성능에 대한 이점 또한 아직 입증되지 않았다.

실질적으로 디자인이 다른 배터리 셀이 2030년에 출시될 예정이더라도 생산 능력을 구축해야하기 때문에 시간 지연으로 인해 이러한 첨단 기술에 대한 시장에서의 가용성이 크게 지연될 것이다.

---

53) 포스코케미칼 뉴스룸 '2022년 전기차 배터리 속 그것, 무엇을 어떻게 어디서 누가 만들까? 포스코케미칼-인터배터리2022'

나. 전용 플랫폼[54]

기존의 전기차는 내연기관차를 기반으로 설계되어 공간 활용 및 주행거리 등 성능 측면에서 한계가 있었다. 이에 주요 자동차 제조사들은 전기차를 위한 전용플랫폼을 개발하고 있다.

전기차 전용 플랫폼은 배터리와 모터 등의 동력계를 담는 차의 뼈대다. 하나의 플랫폼에 여러개의 차체를 적용할 수 있고, 차급에 따라 배터리 탑재 용량도 다르게 변경할 수 있어 다양한 라인업 확보가 가능하다. 또한 배터리를 차량 하부에 위치시키고 전륜 및 후륜에 전기 모터를 배치한 형태로, 비교적 실내공간이 넓고 디자인 자유도가 높다. 또한 하나의 전용플랫폼으로 여러 차급의 다양한 모델을 개발할 수 있고, 주행거리 및 주행성능 등 상품성에서 기존 차량 대비 우위에 있다.

특히 전기차 대중화를 위해선 다양한 수요를 맞출 수 있는 생산 기반이 필요하다는 점에서 전기차 플랫폼은 경쟁력 확보를 위해 필수적이다. 완성차 업계가 치열하게 전기차 전용 플랫폼 개발에 뛰어든 이유도 이 때문이다.

현대차는 2020년 전기차 전용 플랫폼 E-GMP(Electric-Global Modular Platform)을 공개했다. E-GMP는 모듈화와 표준화를 특징으로 하나의 플랫폼으로 다양한 차종과 차급의 생산이 가능하도록 설계됐다. 또한 E-GMP는 1회 충전으로 500km 주행이 가능한 배터리를 탑재했으며 ,세계 최초로 400·800v 멀티 급속충전 시스템도 적용했다.

단일 플랫폼으로 전기차 생산에 집중하고 있는 현대차와 달리 해외 완성차 업계는 다양한 플랫폼을 전기차에 적용하고 있다.

폭스바겐은 MLB 에보(e-트론), MEB(ID.3, ID.4), J1(e-트론 GT), PPE(아우디, 포르쉐) 등 네 가지의 플랫폼을 전기차 라인업 특성에 맞게 탑재하고 있으며, 2026년에는 신형 전기차 플랫폼 SSP도 선보일 계획이다. 이외에도 벤츠는 MB EA(EQE, EQS), AMG EA(메르세데스-AMG), VAN EA(상용차 전용) 등 세가지 플랫폼으로 다양한 전기차 라인업을 확보하는 것이 목표다.[55]

---

54) 전기차 전용플랫폼 개발 동향 및 전망, KDB산업은행, 2020.09.21
55) PAXNet news '쏟아지는 신차...속도 붙는 전용플랫폼 경쟁'

업체명	플랫폼명	파생모델
폭스바겐	MEB(Modularer E-Antriebs-Baukasten) MLB(Modular Longitudinal Matrix Platform) J1(J1 Platform) PPE(Premium Platform Electric) SSP(Scalable Systems Platform)2026년 예정	ID,3('19) ID.4('21) e-트론('19) e-트론 GT('21)
현대자동차	E-GMP(Electric-Global Modular Platform)	아이오닉 5('21), 아이오닉 6('22)
GM	BEV3(Battery Electric Vehicle 3)	GMC Hummer('21), Cruise Origin('21)
다임러	MEA(Modular Electric Architecture) AMG EA(AMG Electric Architecture)2025년예정 VAN EA(VAN Electric Architecture)2025년예정 MB.EA(Mercedes-Benz Electric Architecture)2025년예정	EQS('21), EQE('22)

[표 9] 주요 자동차 제조사별 전기차 전용플랫폼 개발 현황

다. 전기자동차 충전 인프라[56)]

 전기자동차 충전방식은 크게 직접(접촉)충전, 비접촉 충전, 배터리 교환방식으로 구분할 수 있다. 직접충전방식은 전기자동차에 플러그를 연결하여 AC 또는 DC로 에너지를 공급하는 방식으로 충전기의 충전시간과 용도에 따라 DC 급속과 AC 완속 충전기로 구분된다.

 2017년까지 국내에 보급된 급속충전기는 교류를 사용하는 AC3상(CCS type Ⅱ)과 직류를 사용하는 CHAdeMO, DC콤보(CCS type Ⅰ combo) 3가지 종류가 사용되고 있다. 그러나 2018년부터 보급되는 급속 충전기는 충전구의 표준화에 따라 대부분 CCS type 1 Combo로 통일되어 설치되고 있다.

 배터리교환 방식은 충전인프라 운영업체에서 축전지를 구매하여 사용자에게 임대 또는 사용자가 직접 운영하는 방식으로 배터리 교환소에서 자동 교환하는 방법으로 국내에서는 제주도에서 전기버스에 일부 시험 적용되고 있다.

 비접촉 충전방식은 주차면 바닥에 매설된 고주파 전력공급장치(송신패드, 1차측 장치)로부터 전기자동차에 장착된 수전패드(2차측 장치)에 자기유도/공진 방식으로 전력을 전달하여 배터리를 충전하는 방식으로 아직 사용 전기자동차에 적용된 사례는 보고되지 않았다.

 2024년경에 출시되는 전기자동차는 120kWh 이상의 배터리를 탑재할 것으로 예상된다. 저장용량이 120kWh인 배터리가 장착된 전기자동차의 완전 충전 시 주행거리는 600km 이상이 될 것으로 전망된다. 이것은 완성차 업계에서 출시 예정으로 발표한 전기자동차의 주행거리나 배터리 용량의 변화와도 비슷한 추세다.

 미래의 전기자동차 사용자들은 DC 급속충전기를 원거리 이동시에 간혹 부족한 주행거리를 신속히 연장하는 수단으로 이용할 것이고 충전 속도가 느리지만 많이 설치되는 AC 충전기는 집이나 직장과 같이 평상시 매일 주차하는 장소에서 편리하게 저렴한 가격으로 간헐적으로 충전하는 용도로 이용할 것이다. 이러한 사용자의 요구에 맞추기 위하여 관련 산업계에서는 초급속 DC충전, VG1-V2G충전, 무선충전, 자동인증 및 보안기술과 같이 다양한 기술을 융합하여 편리하고 안전한 충전인프라를 위한 연구개발과 인프라 구축을 추진하고 있다.

1) DC 급속 충전기술

 100-200kWh급 대용량 배터리를 장착한 차세대 장거리 주행형 전기자동차를 단시간에 충전할 수 있는 차세대 초급속 충전기술은 기존의 전기자동차의 300-400V급 배터리는 물론 차세대 전기자동차의 배터리 전압으로 적용 예정인 700-950V급 배터리와 전기버스에 적용하고 있는 700-900V급 고전압 배터리도 단시간에 충전할 수 있는 기술이다. 차세대 표준으로 검토 중인 150-350kW급 충전기를 적용하면 승용 전기자동차를 5분만 충전해도 150km이상 주행할 수 있게 되어 충전 시 기다림으로 인한 불편함은 거의 사라질 것이다.

---

56) 전기자동차 충전인프라 보급현황 및 기술동향, KIPE, 2019

전기자동차용 급속 충전 시스템은 여러 개의 수십 kW급 고효율 AC/DC와 DC/DC 전력변환 모듈을 적층하고 제어시스템과 같이 구성한 200-500kVA 이상의 AC/DC 전력변환시스템, 전기자동차 운전자를 위한 사용자 환경과 상위시스템과의 통신, 충전 플러그 거치기능 및 플러그용 냉각장치를 탑재한 충전스탠드(Dispenser), 냉각기술이 적용되어 기존의 Type 1 CCS 플러그와 호환되는 대용량 충전플러그와 경량케이블, 충전소와 충전기의 효율적인 운전과 제어를 위한 운영시스템 등으로 구성된다.

대용량 충전 플러그는 기존의 전기자동차와도 호환되고 새로 출시되는 대용량 배터리가 들어가는 전기자동차와 상용차를 위해 200A 보다 큰 전류를 흘릴 수 있도록 접속부까지 액체냉매를 이용하여 냉각하는 방식을 적용하게 된다.

많은 글로벌 전력회사에서는 전기자동차 충전 고객을 늘리고 새로운 전력 서비스를 위하여 전기자동차 충전인프라를 확충하고 있다. 지금까지 한국전력과 환경부에서 보급중인 급속 충전시스템은 CHAdeMO, CCS Combo Type Ⅰ 및 AC3상 충전커넥터를 함께 제공하는 방식으로 최대 DC 50kW로 충전할 수 있다.

2016년에 출시된 현대자동차의 아이오닉은 최대 100kW까지, 2017년에 출시된 GM의 BOLT는 최대 80kW의 전력으로 충전할 수 있다. 한편 전기자동차 급속충전 플러그의 국내 표준도 2018년부터는 CCS Combo type Ⅰ으로 단일화 되었다. 이후 보급되는 급속충전시스템은 모두 CCS Combo Type Ⅰ 한 종류로 설치되고 있다.

배터리의 에너지밀도 개선과 가격 하락으로 몇 년 뒤엔 한번 충전으로 500km이상을 주행할 수 있는 전기자동차가 많이 보급될 것으로 전망된다. 이러한 차세대 전기자동차는 높은 동력 성능과 경량화 그리고 빠른 충전을 위하여 700-920V급의 배터리 시스템을 사용할 예정이며 Porsche와 아우디 등에서는 2020-2021년경 800V 이상의 전압을 사용하는 차세대 전기자동차를 출시 발표하였다. 따라서 국제표준화 기구인 IEC와 SAE International에서는 미래형 전기자동차의 충전을 위해 기존의 충전 표준을 상향 조정하고 새로운 부품에 적절한 새로운 표준을 논의 중이다.

차세대 급속충전시스템의 표준은 기존 전기자동차와 기존의 충전기와도 호환성을 유지하면서도 충전용량은 대폭 높이는 방향으로 논의 중이다. 새로운 표준의 기본 안이 확정되면 향후 출시되는 대용량 배터리를 탑재한 신형 전기자동차는 새로운 국제표준을 맞추어 개발되고 제작될 것이다. 이러한 전기자동차의 충전전력도 최대 200-400kW까지 도달하게 될 것이다. 800V급 이상의 고전압 배터리를 적용한 차세대 전기자동차의 사용화를 대비하여 전력회사의 차세대 충전인프라는 1000V 400kW급의 고출력 충전 시스템으로 변화하게 될 것이다.

도시지역의 전기버스의 보급 확대에 따라 버스에서 필요한 충전 수요 충족을 위하여 800V 이상의 전압으로 수백 kW급으로 충너할 수 있는 고출력 충전기술이 적용될 것이다. 전기버스용 충전 커넥터도 CHAdeMO, CCS combo Type Ⅱ, GB/T등의 다양한 형태가 공존하고 있지만 국내 표준으로 정해진 CCS Type 1 combo로 통일되어 다양한 용량의 전기자동차와 전기버스 모두 같은 충전기와 플러그로 충전할 수 있게 될 것이다.

따라서 전력회사와 충전사업자는 충전소의 위치와 용도, 규모에 따라서 최대 수 MW 용량으로 다양한 전기자동차와 버스를 동시에 충전할 수 있도록 여러 개의 충전 포트를 갖는 고속 충전시스템을 설치하게 될 것이다.

한편 전력연구원에서는 차세대 전기차의 출시 전에 효과적으로 미래형 충전인프라를 구축하기 위하여 관련업계와 함께 고효율 400kW, 1000V급 급속충전시스템 개발에 착수하였다. 급속충전기의 핵심 구성 요소인 AC/DC 전력변환 장치의 반도체 소자도 기존의 실리콘 기반 IGBT나 MOSFET에서 최근 성능이 향상되고 있는 대용량 SiC 소자로 대체될 것이다.

새로운 소자의 적용에 따른 낮은 통전 손실과 스위칭손실 개선으로 충전기의 전력변환 효율은 96% 이상으로 개선될 것이다. 또한 수십-수백 kHz 이상의 높은 스위칭 주파수를 적용하여 인덕터, 필터와 같은 수동소자의 크기도 대폭 줄어들게 되어 전력변환장치의 전체적인 크기도 소형화 될 것이다. 개발을 추진 중인 새로운 충전시스템은 상용 전기자동차에 대한 실증과 실험실 검증을 통해 규격을 보완하고 표준화 될 것이다.

새로운 충전 시스템은 기존의 400V급 소용량 전기자동차, 대용량 전기버스와 트럭, 차세대 전기자동차를 모두 수용하는 Type 1 CCS 표준의 충전커플러를 채용하게 될 것이다. 또한 미래의 운전자 없는 자율주행차의 급속 충전을 위하여 로봇 기술을 충전인프라에 접목하여 로봇팔 방식의 충전플러그 자동 접속장치도 개발되고 있다. 미래의 자율주행 전기자동차가 새로운 급속충전 인프라를 갖춘 주차장에 정차하면 로봇팔 방식의 자동접속-충전으로 5분만 충전해도 150km 이상을 주행할 수 있게 될 것이다.

2) V2G-EV 수요자원화 기술

정부는 지금 7% 수준인 재생발전의 비중을 2030년까지 20%까지 높이는 재생에너지 3020 정책을 발표하고 2017년 12월 29일 발표된 제8차 전력수급기본계획에서 이를 구체화 하였다. 최근에는 재생에너지 비중을 2017년 7.6%에서 2040년 30-35%로 4-5배 늘리는 제3차 에너지기본계획(2019-2040)을 확정하였다. 2030년에 20%의 재생에너지 공급을 위해서는 51GW 이상의 태양광과 풍력발전소를 지어야 한다.

제8차 전력수급기본계획에서 예상하는 2030년의 최대 전력 수요가 약 100 GW이므로 51GW의 재생발전 설비용량은 최대 전력수요의 50%달하는 막대한 규모다. 전력망을 안정적으로 유지하기 위해서는 수요에 따라서 공급을 일치시키는 것이 매우 중요하다. 그런데 불규칙하고 제어가 곤란한 태양광과 풍력발전을 전력수요에 맞추는 것은 불가능하다. 따라서 막대한 자본을 투자하여 유연성(Flexibility)이 높은 자원인 LNG발전소, 양수발전소 또는 배터리전력저장장치(BESS)를 설치하여 균형을 맞추어야 한다. 미래에 전기자동차가 많아지면 전기자동차의 배터리와 충전인프라가 BESS나 양수발전소의 역할을 대신 할 수 있을 것이다.

7kW로 충방전할 수 있는 전기자동차 30만대가 모이면 변화폭이 4.2GW에 달하는 매우 유연한 전력자원이 될 수 있다. 이는 원자력발전소 4기 크기의 BESS나 700MW급 양수 발전소 6기와 대등한 규모이다.

30만대는 우리나라의 등록자동차 2,300만대의 1.3%에 불과하다. 전국의 주차장에서 충전 중인 전기자동차의 배터리를 에너지 자원으로 활용하여 전력망의 균형을 맞추는데 활용하며 ㄴ제어가 곤란한 재생발전원 확대에 큰 기여를 할 수 있을 것이다.

전기자동차의 배터리와 충전인프라를 전력시스템에서 가치 있는 유연한 자원으로 활용하기 위해서는 전기차의 충전방식이 플러그를 연결하면 충전기나 전기차가 수용 가능한 최대 허용전력으로 연속 충전하는 Dumb충전(V0G) 방식에서 그림과 같이 전력망의 요구에 따라 필요시 충전 전력(속도)을 낮추거나 중지하는 제어형충전 또는 스마트충전(V1G)방식으로 바뀌거나 전력시스템에서 필요로 할 때 배터리의 에너지를 전력망으로 보낼 수 있는 양방향 충방전(V2G) 형태로 변화해야 한다.

전국에 산재하여 충전중인 전기자동차와 충전인프라가 전력망의 신호에 따라 충전 또는 방전을 조절하기 위해서는 전기자동차 충전과 방전이 가능한 탑재형 충전기(On-board charger, OBC)와 ISO/IEC15118에서 요구하는 통신수단을 갖추어야한다. 충전기도 ISO/IEC15118에 대응하고 양방향 전력계량을 할 수 있으며 중앙에서 능동적으로 제어할 수 있어야 한다. 또한 충전인프라 운영체계는 고객의 요구와 전력망의 신호에 따라 충전기를 제어하고 전기자동차와 통신하여 충방전을 제어할 수 있어야 한다.

유럽과 미국을 중심으로 다양한 목적과 수준으로 V2G와 V1G에 대한 실증연구가 있었다. V2G의 경우 거의 모든 실증사례가 CHAdeMO 방식의 DC 충방전 시스템을 이용하여 전기자동차 배터리를 활용하는 방식으로 진행되었다. 국내에서는 전력연구원과 현대자동차 현대모비스 등이 충전 6.6kW 방전 3.3kW의 양방향 OBC를 개발하고 아이오닉 전기자동차를 개조하여 ISO15118기반의 자체 프로토콜을 사용한 V2G 충전기를 이용하여 AC와 DC V2G 시스템을 개발하였다. 최근 한국전력은 현재동차, 자동차부품연구원, 전기연구원 등과 같이 전기자동차를 fast-DR 수요자원화 할 수 잇는 V2G 기술의 실용화를 위하여 프로토콜과 요소기술을 고도화하고 시스템의 검증과 상용급 전기자동차 실증을 위한 전기자동차-전력망통합 (Vehicle-Grid Integration, VGI) V2G 연구를 시작했다.

3) 무선충전 기술

무선충전 기술은 전기자동차가 주차장의 무선충전소(핫스팟)로 이동하면 운전자가 플러그를 연결하지 않아도 충전시스템에서 전기자동차를 인식하고 주차장 바닥에 설치된 무선충전 장치를 통해 무선전력전송 방식으로 에너지를 전달하여 전기자동차의 배터리가 충전되는 기술로서 눈이나 비가와도 감전의 우려가 없고 플러그를 꽂고 빼는 불편함이 없다.

전기자동차용 무선충전시스템은 주차장 바닥에 설치된 송신코일과 전기자동차의 하부에 부착된 수신코일 사이에서 자기유도 방식으로 에너지 전송이 이루어지는데 AC220V는 수백V의 DC로 정류되어 다시 85kHz와 같은 특정주파수로 변환되어 송신코일에 공급되어 자기장을 형성한다.

자기유도 형태로 수신코일에 전송된 에너지는 정류회로에서 직류로 변환되어 전기자동차 배터리를 충전한다. 이때 송수신 코일과 임피던스 정합장치로 구성된 전송 회로는 특정주파수에 공진시켜 전송효율을 극대화한다. 주차면의 무선송신패드와 전기자동차 하부에 장착된 무선수신패드 사이의 간극이 200mm 이하인 경우 충전기의 AC전력이 전기자동차 배터리로 공급될 때 전체 전송효율은 90% 이상으로 전기자동차의 배터리를 충전할 수 있다.

무선충전시스템에는 충전 시의 안전성의 확보와 충전자동화를 위하여 금속이물질감지(Foreign Object Detection, FOD), 생명체감지(Live Object Detection, LOD), 자기벡트정렬보조(Magnetic Vectoring Assist), WiFi 통신과 같은 다양한 보조기술이 적용된다. FOD와 LOD 기술은 충전 개시 전 또는 충전 중에 금속성 이물질이나 동물이 송수신패드 사이에 들어오면 안전을 위하여 충전을 중단하고 사용자에게 알려주며 이물질이나 동물이 사라진 것이 확인되면 다시 충전을 시작하게 된다. 또한 전기자동차의 수신패드와 주차장의 송신패드와의 정확한 정렬을 위하여 자기장센싱 방식이나 주차영상과 같은 보조기술은 전기자동차의 진행에 대해 송수신패드의 정렬의 정도를 안내한다. 주차면의 송신패드와 전기자동차의 수신패드가 전후좌우 +/- 100mm 이내로 정렬되면 최소 85%이상, 보통 90% 정도의 전송효율로 충전될 수 있도록 기술이 개발되고 있다. 전기자동차와 연결된 전선이 없으므로 충전설비의 인식과 충전 조절을 위한 정보교환도 무선랜(WiFi) 이나 LTE/5G 방식으로 변화하게 된다.

전기자동차용 무선충전기술은 글로벌 표준의 무선충전이 적용된 전기자동차의 출시에 맞추어서 기존의 유선충전 인프라와 같이 설치될 것이다. 무인/자율주차 시대의 전기자동차 충전소는 무선충전 또는 자동접속방식으로 변화할 것이다. 전기자동차의 종류에 따라 무선 방식으로 6.6-20kW의 충전전력을 제공하고 미래의 자율주행 버스나 트럭을 위해서는 50-400kW급 무선충전이나 수백kW-MW 크기의 자동접속방식 DC 고속충전을 제공하게 될 것이다. 특히 전기자동차 충전에 적용되는 대용량 무선전력전송기술은 자기유도 방식으로 에너지를 전달하므로 절연물이나 물속에서도 비접촉으로 전력을 전송할 수 있어 항구나 운하에 정박한 선박, 잠수함, 요트 등의 전원 공급용으로 새로운 전력서비스에 적용될 수 있다.

전기자동차의 충전을 위해 다양한 급속 및 완속 충전기가 보급되고 있으나 충전을 위해서 QR코드를 인식시키거나 결재카드를 읽히고 플러그를 전기자동차에 꽂고 빼고 거치대로 옮기는 불편함은 여전하다. 이러한 불편함을 해소하고 운전자 없이 혼자서 이동하는 자율주행 전기자동차의 충전을 위하여 비접촉 무선전력전송 방식의 충전 기술이 도입될 것이다. 무선전력 방식으로 충전되는 전기자동차와 충전기의 상호운영과 표준화를 위하여 SAE와 IEC에서는 표준화를 추진 중이다. 11kW급 이하 승용차용 무선 충전에 대한 세부 문서 작업이 진행되어 표준안이 확정될 것으로 전망되며 버스나 트럭에 적용되는 50-200kW급 대출력 무선충전 기술과 달리면서 전력을 전송하는 Dynamic 무선전력전송에 대한 표준화에 대한 논의도 시작되고 있다.

50kW급 이상의 고출력 무선전력전송은 아직 효율이 낮고 크기가 매우 큰데 SiC 기반 반도체 소자의 성능개선에 따라 100kW급 대출력 무선전력 시스템의 공진 주파수도 100kHz가까이 높일 수 있게 될 것이다.

따라서 버스나 트럭에 적용될 50-200kW급 시스템의 공진 주파수도 승용차와 같은 85kHz를 사용하게 되어 6.6kW급 승용 전기자동차에서 수십 kW급 상용 전기자동차까지 한 종류의 송신패드와 전력변환장치로 모두 충전할 수 있는 기술이 개발될 것으로 전망된다.

4) 충전인프라 보안 및 고객자동인증기술

현재 충전기를 사용할 때에는 RFID 카드나 QR-code 인식으로 사용자나 충전기를 인증하고 다시 신용카드로 결제하는 번거로움이 있다. 가까운 미래에는 ISO/IEC 15118 표준 기반의 고객자동인증 및 과금(Plug and Charge, 이하 PnC) 기술이 적용되어 커넥터만 전기자동차에 연결하면 인증, 충전, 과금이 모두 한번에 이루어질 수 있어 고객의 충전편의성이 크게 향상될 것으로 예상된다. PnC 기술은 유선충전인 경우 Plug and Charge, 무선 충전 또는 자동충전인 경우 Park and Charge로 불리고 있으며 자율주행이나 자동주차 차량에 적용될 경우 효과가 큰 기술이다.

전기자동차 사용자가 늘어나고 충전기가 사회 기반시설로 자리매김하면서 고객정보와 충전정보를 안전하게 전송해야 할 필요성이 커지고 있다. 따라서 충전기기 인증, 정보 암호화 및 전자서명 등 전자인증서 기반 보안기술을 적용하여 고객데이터를 원천적으로 보호할 수 있는 기술을 개발 중이다. 충전인프라는 이러한 강력한 보안기술을 바탕으로 다양한 융합서비스를 제공하는 미래형 플랫폼으로 진화해 나갈 것이다. 전력연구원은 일부 운영 중인 충전인프라에 PnC기술을 실증적용하고 초고속 충전, Smart Charging, 무선충전, VGI-V2G등의 충전인프라에도 순차적으로 적용할 계획이다.

5 전기자동차 특허 동향

5. 전기자동차 특허 동향

특허명	연료전지 기반 전기차 충전 시스템
출원인	주식회사 디이앤씨
출원번호	1020190037757
출원일	2019.04.01

특허내용

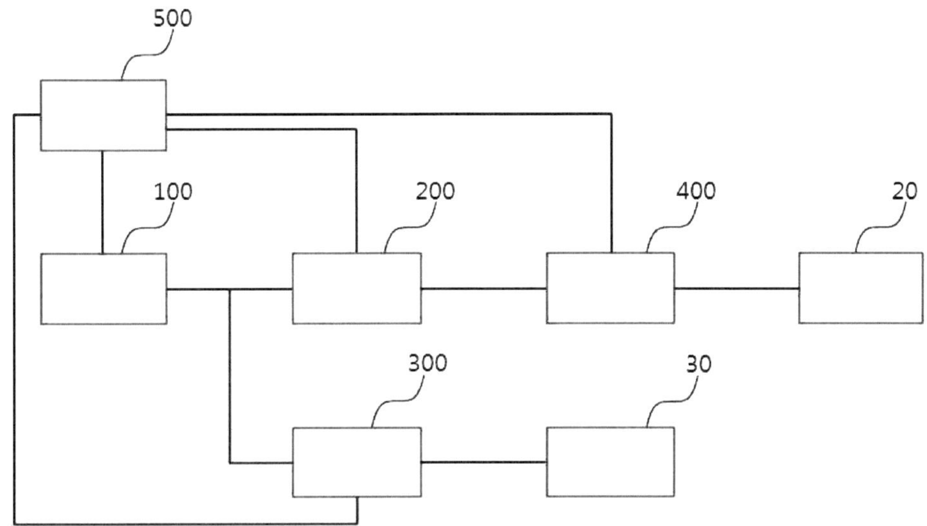

 본 발명은 연료전지 기반 전기차 충전 시스템에 관한 것으로, 구체적으로는 연료전지에서 발생하는 에너지를 효율적으로 사용하기 위한 연료전지 기반 전기차 충전 시스템을 제공하기 위한 것이다.

 본 발명의 연료전지 기반 전기차 충전 시스템은 연료와 산화제를 전기화학적으로 반응시켜 직류 전기를 발생시키는 연료전지 유니트; 상기 연료전지 유니트에서 발생된 상기 직류 전기를 입력받아 상기 직류 전기의 출력을 조절하는 직류출력조절 유니트; 및 상기 직류출력조절 유니트에서 출력된 직류 전기를 입력받아 전기차를 충전하는 충전 유니트를 포함하는 것일 수 있다.

특허명	전기차 비공용 충전기를 이용한 공용 충전 시스템
출원인	주식회사 에버온 유동수
출원번호	1020200079220
출원일	2020.06.29

특허내용

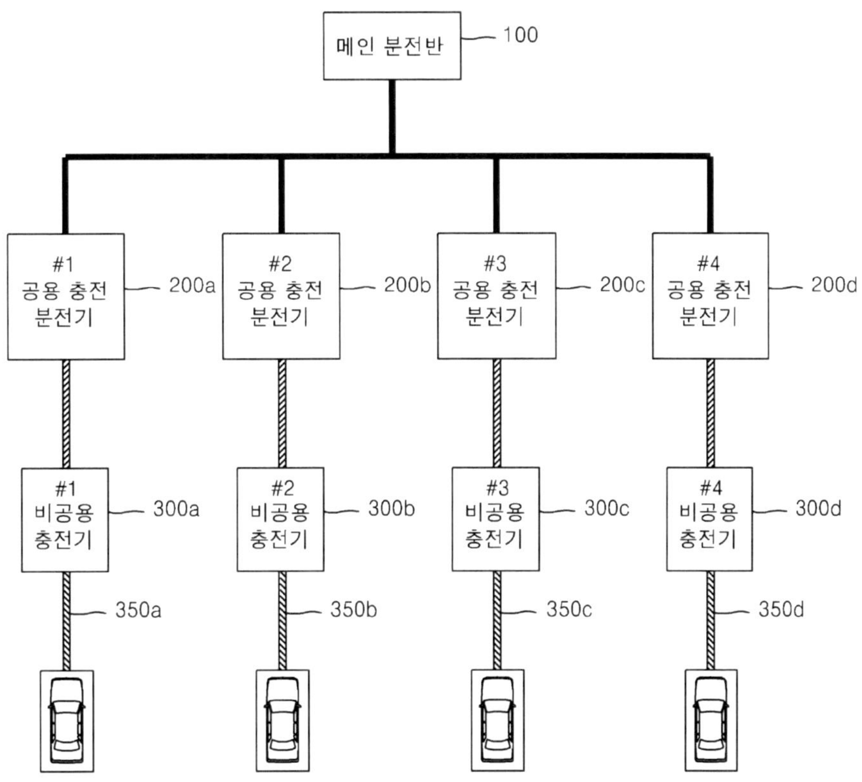

본 발명의 실시 형태는 복수개의 공용 충전 분전기에 전력을 공급하는 메인 분전반; 상기
메인 분전반으로부터 전력을 공급받아, 전기차 충전을 위해 결제된 결제 금액에 비례하는
전력을 중계 케이블을 통하여 비공용 충전기로 공급하는 공용 충전 분전기; 공용 충전 분
전기과 비공용 충전기를 연결하는 전력 케이블인 중계 케이블; 상기 전력 중계 케이블을
통해 공용 충전 분전기으로부터 제공되는 전력을 충전 케이블을 통해 전기차량에 공급하
는 비공용 충전기;를 포함할 수 있다.

<table>
<tr><td>특허명</td><td>기계식 주차장용 전기차 충전 시스템</td></tr>
<tr><td>출원인</td><td>주식회사 에버온
유동수</td></tr>
<tr><td>출원번호</td><td>1020200106317</td></tr>
<tr><td>출원일</td><td>2020.08.24</td></tr>
</table>

특허내용

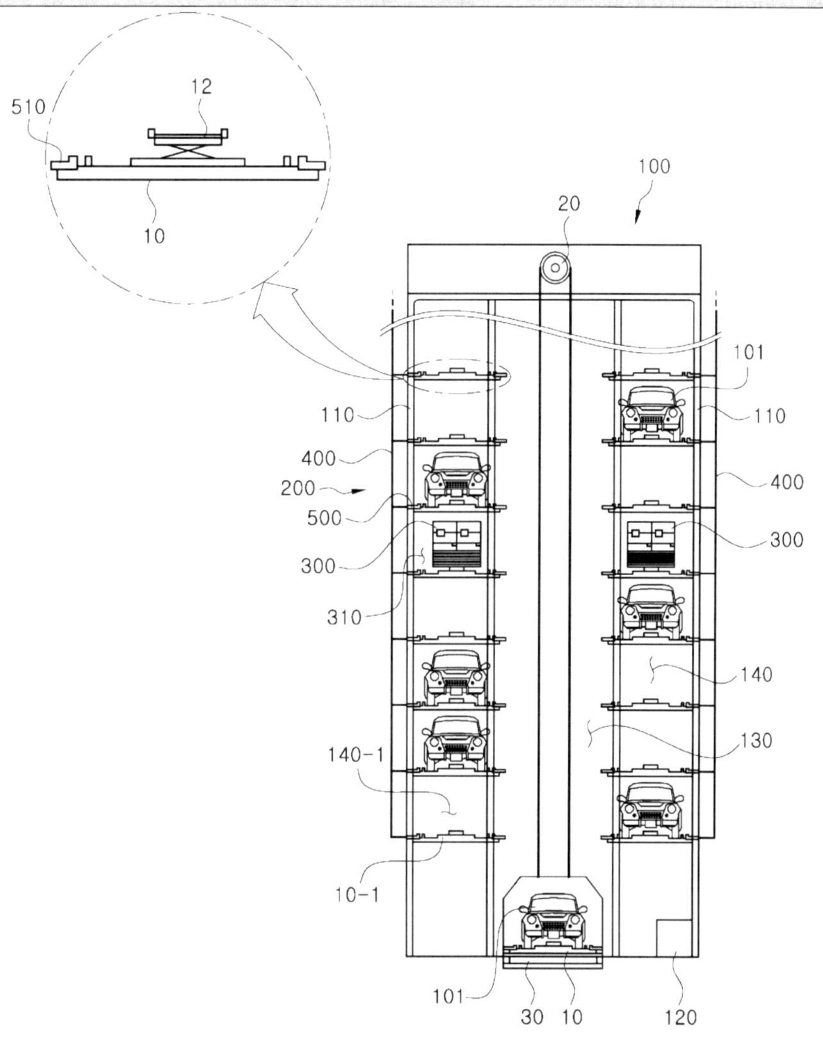

 본 발명은 전기차가 적재되도록 형성되는 팔레트, 상기 팔레트를 승하강시키는 승강 리프트, 상기 팔레트가 승하강되는 승강로와 복수개의 주차 격납실을 갖도록 형성되는 골조 프레임과, 상기 승강 리프트를 제어하여 팔레트를 이동시키는 제어기와, 상기 주차 격납실에 마련된 충전 전력 중계 포트 및, 상기 팔레트의 측면에 형성되는 측면 연결 단자를 포함하며, 상기 팔레트가 승강 리프트에 의해 이동되어 전기차를 주차 격납실에 위치시키면 제어기는 충전 전력 중계 포트를 이동시켜 측면 연결 단자와 연결시키는 것을 특징으로 하는 기계식 주차장용 전기차 충전 시스템에 관한 것이다.

특허명	전기차의 전력관리 시스템 및 방법
출원인	에스케이텔레콤 주식회사
출원번호	1020120114846
출원일	2012.10.16

특허내용

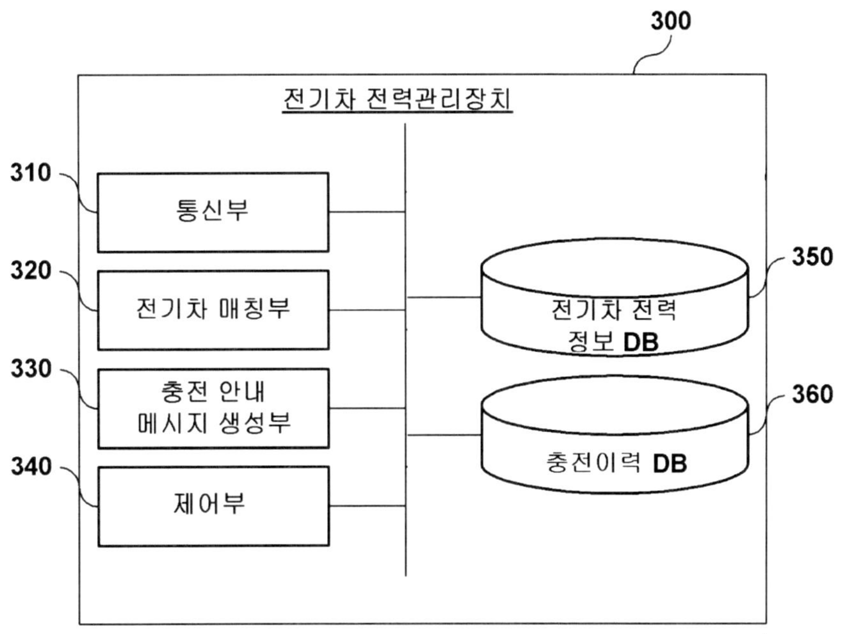

본 발명은 전기차의 전력관리 시스템 및 방법에 관한 것으로서, 전기차 운행 시 배터리의 전력정보를 수집하는 전력정보 수집장치; 상기 전력정보 수집장치로부터 수신된 전력정보를 상기 전기차의 차량 ID, 현재 위치정보 및 목적지 정보와 함께 송신하는 단말장치; 및 상기 전력정보를 수신하여 상기 차량 ID 별로 저장하고, 각 전기차의 전력정보, 현재위치 및 목적지에 따라 전력을 공급할 전기차와 전력을 공급받을 전기차를 매칭하여, 상기 전력을 공급받을 전기차의 위치와 해당 전기차로 이동하기 위한 경로정보를 포함하는 충전안내 메시지는 생성하여 전력을 공급할 차량 측에 송신하는 전기차 전력관리 장치를 포함한다. 이에 의해, 운행중인 전기차들의 이동경로와 전력량을 수집하여 상대적으로 많은 전력량을 보유한 전기차에 전력이 부족한 전기차 정보를 제공하고 전력이 부족한 전기차에게 전력을 공급한 전기차에 대해서는 보상을 지급함으로써, 전기차 운행 시 전력공급의 안정성을 보장하고 효과적으로 전력을 분배하여 에너지 효율을 최적화시킬 수 있는 전기차의 전력관리 시스템 및 방법에 관한 것이다.

특허명	전기차용 충전기의 전력공급방법
출원인	(주)에바
출원번호	1020190170594
출원일	2019.12.19

특허내용

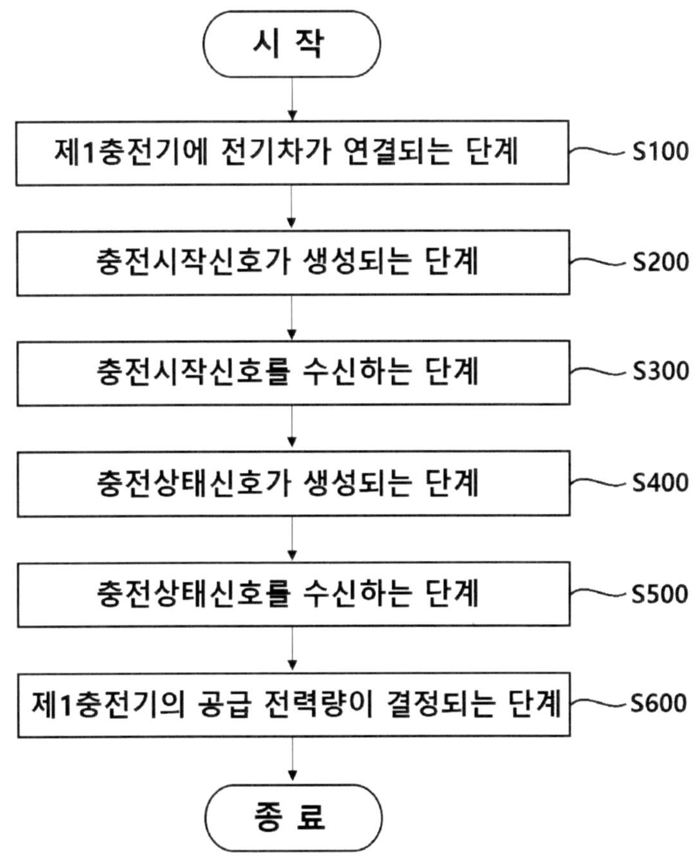

 본 발명은, 동일 전력원에 다수개의 충전기가 연결된 전기차용 충전기의 전력공급방법에 있어서, 제1충전기에 전기차가 연결되는 단계, 상기 제1충전기로부터 충전시작신호가 생성되는 단계, 하나 이상의 나머지 충전기가 상기 충전시작신호를 수신하는 단계, 하나 이상의 나머지 충전기로부터 충전상태신호가 생성되는 단계, 상기 제1충전기가 상기 충전상태신호를 수신하는 단계 및 상기 제1충전기의 공급 전력량이 결정되는 단계를 포함하는 전기차용 충전기의 전력공급방법에 관한 것이다.

특허명	전기차의 예약충전 제어방법
출원인	쌍용자동차 주식회사
출원번호	1020190118945
출원일	2019.09.26)

특허내용

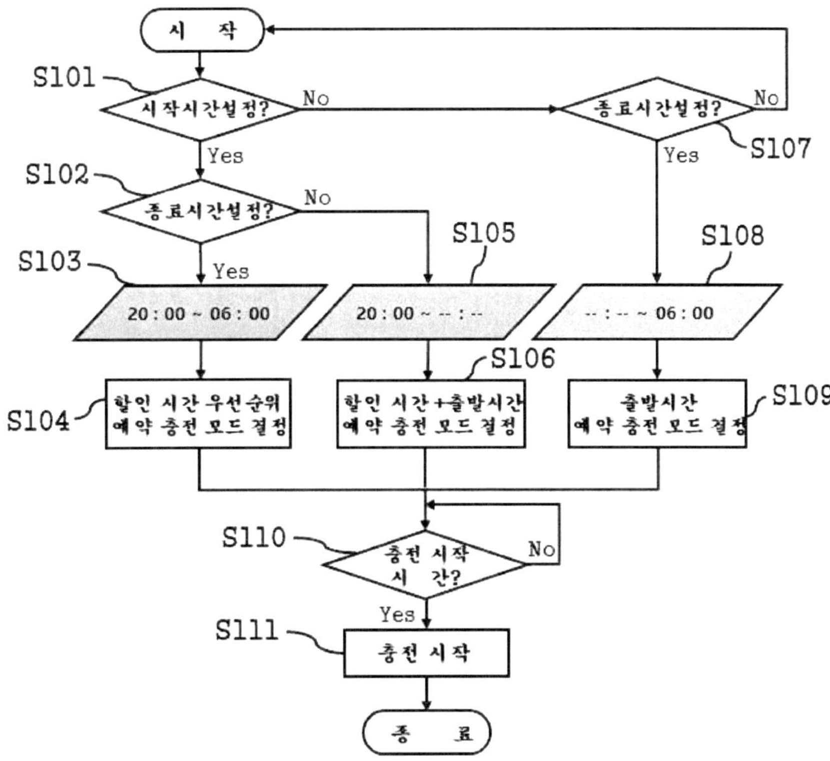

　예약충전을 위한 시간설정 창 하나만을 이용하고, 운전자가 시간 설정 창에 입력한 예약
충전 시간에 따라 예약충전 모드를 자동으로 결정하고, 최적의 예약충전을 수행할 수 있도
록 한 전기차의 예약충전 제어방법에 관한 것으로서, 차량의 예약충전을 제어하는 차량 제
어 유닛(VCU)에서 충전예약 시 오디오/비디오/내비게이션 연동을 통해 사용자로부터 설정
되는 예약충전 시간 정보를 확인하고, 확인한 예약충전 시간 정보에 따라 예약충전 모드를
자동으로 결정하며, 결정한 예약충전 모드에 따라 예약충전을 제어함으로써, 사용자의 예
약충전을 위한 정보 입력에 편의성을 제공하고, 예약충전 오류를 최소화한다.

특허명	전기차의 급속 충전시간 단축을 위한 충전 제어장치 및 방법
출원인	쌍용자동차 주식회사
출원번호	1020190076163
출원일	2019.06.26

특허내용

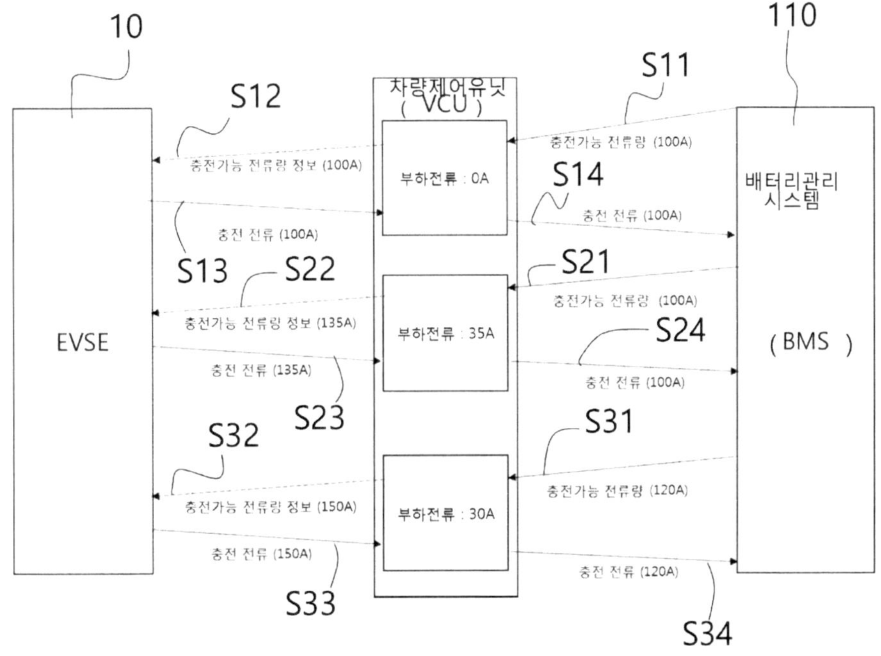

    전기차의 급속 충전 시 부하의 사용 전류량을 고려하여 충전 전류를 공급하는 충전기에 충전 전류를 가변적으로 요청함으로써 부하 사용에 의해 급속 충전시간이 증가하는 것을 방지하도록 한 전기차의 급속 충전시간 단축을 위한 충전 제어장치 및 방법에 관한 것으로서, 급속 충전이 발생하면, 배터리 관리 시스템으로부터 충전 가능 전류량을 전달받고, 고전압 부하의 전류 사용량을 확인하는 단계, 확인한 부하의 전류 사용량과 충전가능 전류량을 기초로 충전가능 전류량 정보를 산출하는 단계, 산출한 충전가능 전류량 정보를 충전기에 전달하고, 충전기에서 공급되는 충전 전류를 차량 전압분배 유닛에 전달하는 단계, 전달되는 충전 전류에서 배터리 관리 시스템에서 요구하는 충전가능 전류량을 배터리 관리 시스템으로 전달하고, 나머지 전류를 고전압 부하 전류로 공급하는 단계를 포함하여, 전기차의 급속 충전시간 단축을 위한 충전 제어방법을 구현한다.

특허명	전기차 충전기의 충전 플러그
출원인	주식회사 피에스엔
출원번호	1020190055426
출원일	2019.05.13

특허내용

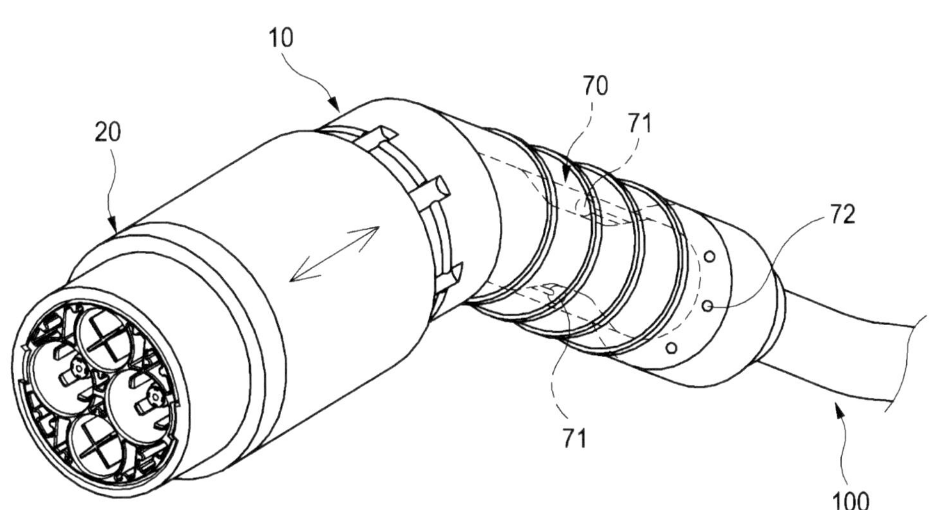

　본 발명은 전기차 충전기의 충전 플러그에 관한 것으로서, 충전케이블에 연결되는 케이스부와, 이 케이스부의 일방에 슬라이딩 이동되도록 설치되는 커버부와, 이 커버부의 슬라이딩 이동에 의해 외부로 돌출되도록 설치되어 충전단자와 접속되는 플러그부와, 케이스부의 일방에 설치되어 플러그부의 돌출부위의 둘레를 실링하는 실링부와, 케이스부와 커버부 사이에 설치되어 커버부를 탄지하는 탄지부를 포함하는 것을 특징으로 한다. 따라서 본 발명은 케이스부의 전방에 커버부를 슬라이딩하도록 설치하고 플러그부의 전방에 실링부를 설치하여 케이스부와 플러그부를 개폐함으로써, 케이스부와 플러그부에 대한 방수성능을 향상시키는 동시에 수밀성 및 기밀성을 향상시켜 수분이나 먼지로 인한 감전이나 스파크에 의한 안전사고를 예방할 수 있는 효과를 제공한다.

특허명	전기차 전력제어장치
출원인	주식회사 미래이앤아이
출원번호	1020200013252
출원일	2020.02.04

특허내용

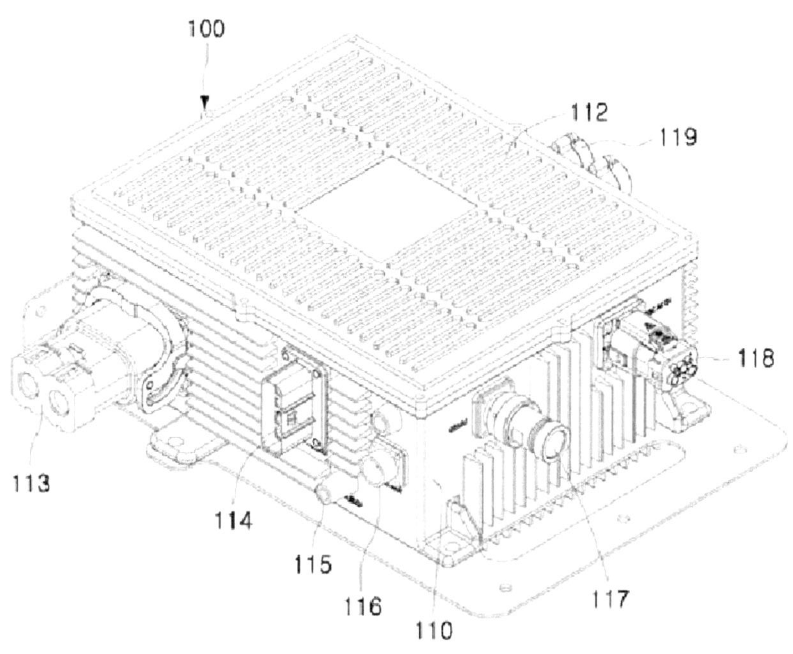

 본 발명은 전기차 전용 부품들이 수용될 수 있는 수용공간을 가지고, 입출력을 위한 복수의 연결단자들이 구비되는 케이스; 상기 케이스의 수용공간에 설치되고, 상기 연결단자들 중 어느 하나의 연결단자를 통해 전기차 전원공급장치(EVSE)의 충전케이블과 연결되어 전원을 공급받는 OBC; 상기 케이스의 수용공간에 설치되고, 상기 OBC와 전기적으로 연결되어 상기 OBC에 공급된 전력을 BMS(배터리팩) 및 전력분배제어대상 부품들에 분배시키는 PDU; 및 상기 케이스의 수용공간에 설치되고, 상기 PDU와 전기적으로 연결되어 상기 PDU로부터 분배된 고전압을 저전압으로 변환하여 차량의 전장부품들에서 사용하는 12V 저전압 배터리를 충전하는 LDC;를 포함하는 전기차 전력제어장치를 제공한다.

 본 발명의 실시 예에 따르면, OBC, LDC, PDU를 통합모듈화 함으로써 차량 내부 공간 활용도를 높일 수 있고, 입출력 연결 하네스 케이블 및 커넥터 등을 줄임으로써 단가를 절감시킬 수 있으며, 외부 노이즈나 선저항에 따른 오류를 방지할 수 있을 뿐만 아니라 메인 배터리 충전, 12V 보조배터리 충전, 전력분배의 효율성을 높일 수 있는 효과가 있다. 또한, 케이스에 복수의 방열날개를 구비하여 내부 열을 빠르게 자연냉각시킴으로서 부품의 수명 및 안전성을 향상시킬 수 있는 효과가 있다.

특허명	전기차 충전기용 커넥터
출원인	조종철
출원번호	1020200031202
출원일	2020.03.13

특허내용

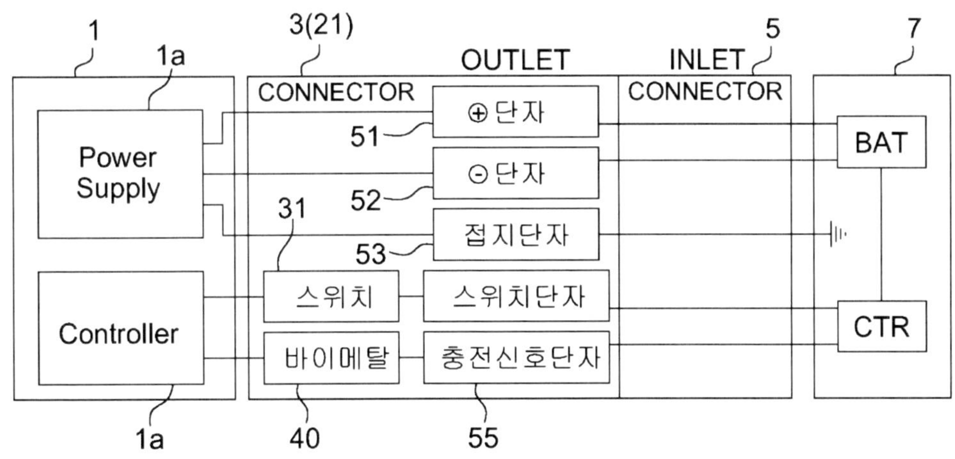

 본 발명은 전기차의 배터리를 충전하기 위해서 전기차의 인렛부에 접속되는 전기차 충전기용 커넥터에 관한 것으로서, 보다 상세하게는 커넥터의 아웃렛부와 전기차의 인렛부 사이의 접속부에서 과열이 발생되면 충전신호를 차단함으로써 강제로 충전을 중단시켜 사고를 예방하는 전기차 충전기용 커넥터에 관한 것이다.

 본 발명에 따른 전기차 충전기용 커넥터는 핸들; 상기 핸들의 전방에 구비되며, 전기차의 인렛부에 접속되는 충전단자와 신호단자를 포함하는 아웃렛부; 상기 접속부와 충전기를 전기적으로 연결하는 케이블;을 포함하고, 상기 핸들에 내장되며, 상기 신호단자에 연결되는 케이블에는 온도에 따라 개폐되는 바이메탈이 연결되는 것을 특징으로 한다.

특허명	전기차용 전력량 측정방법 및 장치
출원인	중앙제어 주식회사
출원번호	1020200034205
출원일	2020.03.20

특허내용

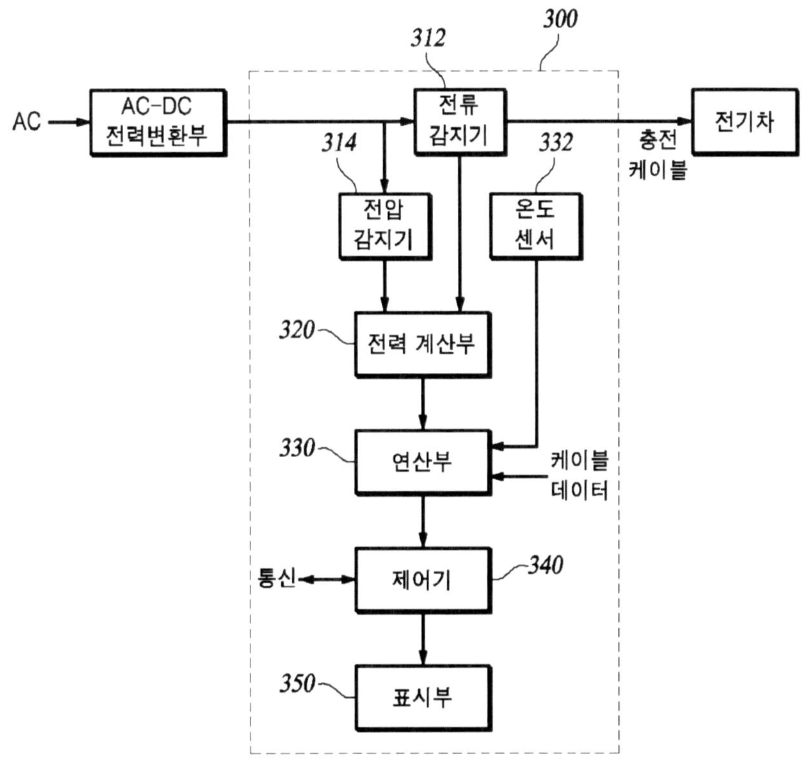

 본 실시예는 전기차 충전시 전기차에 공급되는 직류 전력량을 계량하는 과정에 있어서, 충전케이블의 손실을 보정하여 주고 전류측정 정밀도를 높임으로서 정확한 전력 계측이 가능토록 하고, 이를 통해 사용자에게 보다 공정한 요금 부과가 이루어질 수 있도록 하는 전기차용 전력량 측정방법 및 장치에 관한 것이다.

특허명	전기차용 배터리 온도관리 시스템
출원인	주식회사 코렌스
출원번호	1020190170808
출원일	2019.12.19

특허내용

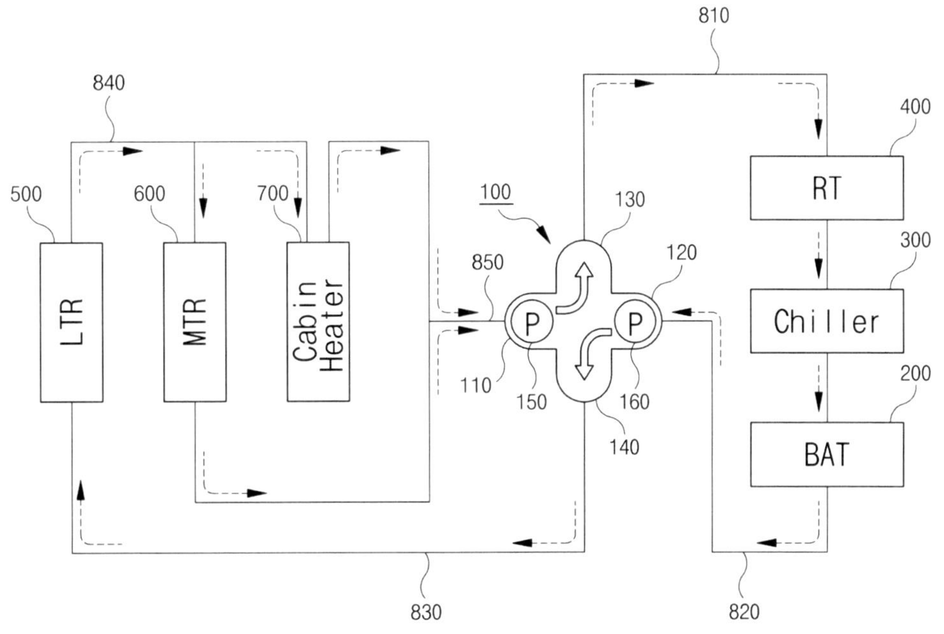

 발명에 의한 전기차용 배터리 온도관리 시스템은, 제1 유입부와 제2 유입부와 제1 유출부와 제2 유출부를 구비하되, 상기 제1 유입부가 상기 제1 유출부와 제2 유출부 중 어느 하나에 선택적으로 연통되고 상기 제2 유입부가 상기 제1 유출부와 제2 유출부 중 다른 하나에 선택적으로 연통되는 사방밸브; 전기차 구동을 위한 전력을 공급하는 배터리; 냉각수를 이용하여 상기 배터리를 냉각시키는 칠러; 냉각수를 상기 칠러로 공급하는 리저버탱크; 가열된 냉각수를 냉각시키는 라디에이터; 전기차의 구동력을 발생시키는 모터모듈; 전기차의 실내를 가열시키는 캐빈히터; 상기 제1 유출부로 유출된 냉각수를 상기 리저버탱크로 공급하는 제1 유로; 상기 배터리를 지난 냉각수를 제2 유입부로 회송시키는 제2 유로; 상기 제2 유출부로 유출된 냉각수를 상기 라디에이터로 공급하는 제3 유로; 상기 라디에이터를 거치면서 냉각된 냉각수를 상기 모터모듈 및 캐빈히터로 제공하는 제4 유로; 상기 모터모듈 및 캐빈히터를 지난 냉각수를 상기 제1 유입부로 회송시키는 제5 유로;를 포함한다.

특허명	케이스 결합 구조가 개선된 전기차 배터리팩용 냉각팬 장치
출원인	디와이오토 주식회사
출원번호	1020180139394
출원일	2018.11.13

특허내용

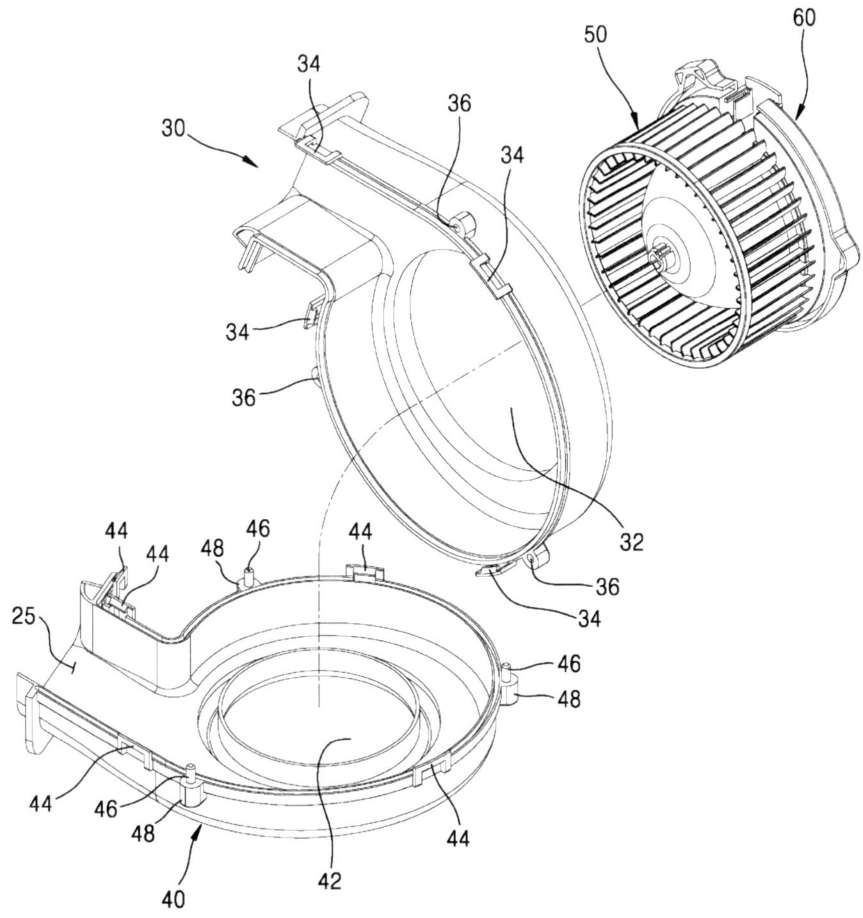

 본 발명에 따른 케이스 결합 구조가 개선된 전기차 배터리팩용 냉각팬 장치는, 중심부에 흡입공이 형성되고 상기 흡입공을 통해 흡입된 공기가 가압 되어 흡입된 방향과 수직인 방향으로 토출되는 토출구를 구비한 케이스; 상기 흡입공에 인접하게 배치되며 상기 케이스에 대해 회전 가능하게 설치된 시로코 팬; 및 상기 시로코 팬을 회전시키도록 상기 시로코 팬의 회전축에 결합되며, 상기 케이스에 고정된 구동 모터;를 포함한 전기차 배터리팩용 냉각팬 장치에 있어서, 상기 케이스는 상기 시로코 팬의 회전축에 수직인 면으로 분할된 상부 케이스; 및 상기 상부 케이스에 결합되는 하부 케이스로 이루어지며, 상기 상부 케이스에는 상기 하부 케이스와 탄성적으로 결합되는 복수의 제1후크부가 구비되며, 상기 하부 케이스에는 상기 제1후크부와 중첩되지 않는 위치에 배치되며 상기 상부 케이스와 탄성적으로 결합되는 복수의 제2후크부가 구비된 것을 특징으로 한다.

특허명	전기차용 풍력 발전 시스템
출원인	고철희
출원번호	1020180133601
출원일	2018.11.02

특허내용

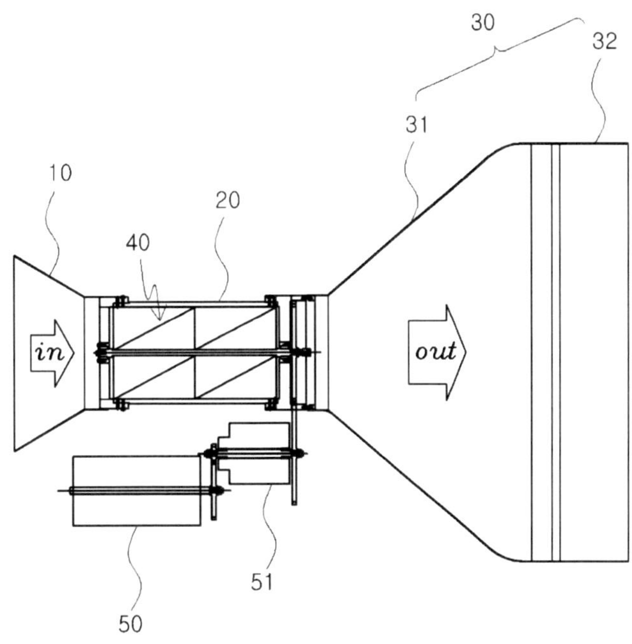

 본 발명은 전기차용 풍력 발전 시스템에 관한 것으로서, 보다 상세하게는 전기차의 주행시에 발생하는 주행풍을 이용하여 전기에너지를 지속적으로 충전함으로써 차량의 주행거리를 증가시킬 수 있는 전기차용 풍력 발전 시스템에 관한 것이다.

 본 발명의 전기차용 풍력 발전 시스템은, 전기차의 전방에 위치하여 후방으로 갈수록 단면적이 점점 작아지는 형태로 이루어져 전기차의 주행시에 외부로부터 공기가 유입되는 유입구; 후방으로 갈수록 단면적이 점점 커지는 형태로 이루어지고, 상기 유입구를 통해 유입된 공기가 배출되는 배출구; 상기 유입구와 배출구를 연결하고 상기 공기가 통과하는 유로; 상기 유로에 설치되고, 상기 유로를 통과하는 공기에 의해 회전하는 스크류 로터; 상기 스크류 로터와 연결되어 전기를 생산하는 발전기; 및 상기 발전기에 의해 생산된 전기를 저장하는 축전지를 포함하고, 상기 스크류 로터는, 상기 유로 및 상기 유로를 통과하는 공기의 흐름방향과 나란하게 설치되는 회전축과, 상기 회전축의 둘레를 나선형태로 감싸도록 형성되는 4개의 스크류 날개로 이루어지는 것을 특징으로 한다.

특허명	다수의 전기차를 충전하기 위한 충전 시스템 및 충전 방법
출원인	김영훈
출원번호	1020200029526
출원일	2020.03.10

특허내용

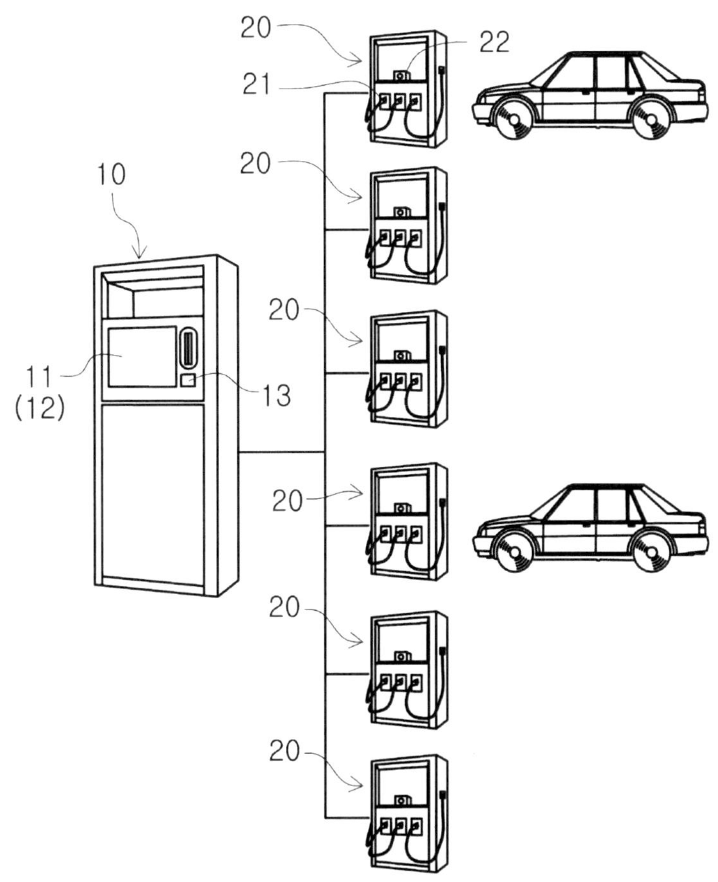

본 발명의 다수의 전기차를 충전하기 위한 충전 시스템은, 메인 충전기와;

메인 충전기로부터 전기를 공급받아 차량에 공급할 수 있는 복수 개의 서브 충전기로 이루어진 충전 시스템에 있어서, 상기 메인 충전기는, 각 서브 충전기의 충전순서를 결정하고, 충전 상태 정보를 계산하고, 충전요금을 처리하는 제어부를 포함하고; 상기 서브 충전기는, 충전 타입에 따라 구비되는 하나 이상의 충전 플러그를 구비하며; 상기 메인 충전기 또는 서브 충전기에는, 상기 복수 개의 서브 충전기 중 하나로 전기를 공급하기 위한 스위칭부와, 충전 정보를 디스플레이하는 디스플레이부와, 충전 정보를 입력하는 입력부와, 회원카드를 인식하는 회원카드 인식부를 구비한 것을 특징으로 한다.

특허명	완속충전 기반의 전기차 충전 시스템 및 그 충전 방법
출원인	(주)유니코아테크놀러지
출원번호	1020190061795
출원일	2019.05.27

특허내용

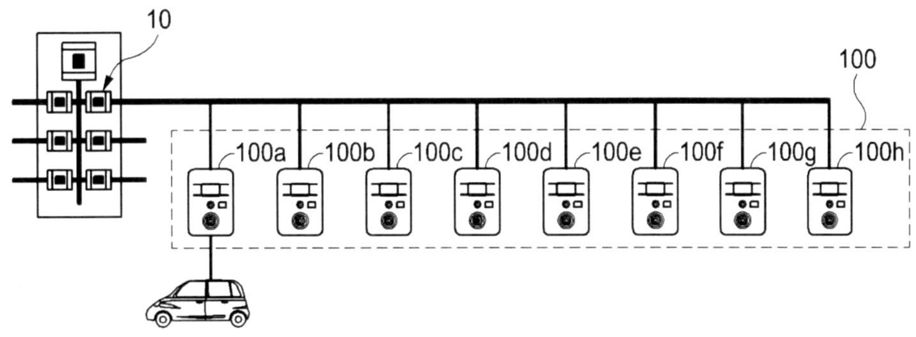

본 발명은 완속충전 기반의 전기차 충전 시스템 및 그 충전 방법에 관한 것이다.

또한, 본 발명은 완속충전기 복수 개로 하나의 그룹을 형성하고, 공동 주택이나 아파트형 공장의 누전차단기에 연결되는 완속충전 기반의 전기차 충전 시스템으로서, 그룹 내의 타 완속충전기들과 통신하여, 전기차의 접속 여부와 해당 전기차에 공급되는 충전 전류에 대한 정보인 상태 정보를 송수신하는 통신부와, 타 완속충전기들의 상태 정보를 저장하는 상태 정보 저장부와, 충전을 요청하는 전기차의 접속 시, 저장된 상태 정보에 기초하여 전기차에 공급할 충전 전류를 계산하고, 계산된 충전 전류와 접속된 전기차에 대한 정보를 완속충전기 자체의 상태 정보로서 상태 정보 저장부에 저장하며, 완속충전기 자체의 상태 정보를 타 완속충전기들에 송신하도록 통신부를 제어하는 제어부 및 제어부의 제어하에 충전을 요청한 전기차에 공급할 전류량을 조절하는 충전 전류 조절부를 구비함으로써, 공동 주택이나 아파트형 공장에 구비된 누전차단기의 허용 전력을 초과하지 않는 범위 내에서 복수의 전기차를 완속충전할 수 있고, 전기차의 수에 따라 각각의 전기차에 공급되는 충전 전류도 조절할 수 있다.

6 전기자동차 기업 동향

6. 전기자동차 기업 동향

가. 국내기업

1) 현대 자동차[57)58)]

2020년 말, 현대자동차그룹이 전기차 전용 플랫폼 E-GMP(Electric-Global Modular Platform)를 공개했다. E-GMP는 현대자동차그룹이 전기차 도약의 원년으로 삼은 2021년부터 순차적으로 선보인 현대자동차 '아이오닉5'와 기아자동차 'CV'(프로젝트명) 등 차세대 전기차 라인업의 뼈대가 되는 기술집약적 신규 플랫폼이다.

E-GMP는 내연기관 자동차의 플랫폼을 활용한 기존의 전기차와 달리 전기차만을 위한 최적화 구조로 설계돼 1회 충전으로 국내 기준 500km 이상 주행할 수 있으며, 800V 충전 시스템을 갖춰 초고속 급속충전기 이용시 18분 이내 80% 충전이 가능하다.

또 내연기관 플랫폼과 달리 바닥을 편평하게 만들 수 있고 엔진과 변속기, 연료탱크 등이 차지했던 공간이 크게 줄어들어 실내 공간의 활용성을 혁신적으로 높이는 것은 물론, 지금까지 구조적인 한계로 불가능했던 새로운 자동차 실내외 디자인이 가능하다.

특히 E-GMP는 모듈화 및 표준화된 통합 플랫폼이어서 고객의 요구에 따라 단기간에 전기차 라인업을 늘릴 수 있을 뿐만 아니라 제조상의 복잡도가 줄어들어 생산효율이 높아짐에 따라 수익성 개선으로 재투자할 수 있는 여력이 늘어난다.

현대자동차그룹은 향후 E-GMP를 기반으로 개발되는 차세대 전용 전기차에 신규 PE 시스템(Power Electric System), 다양한 글로벌 충전 인프라를 고려한 세계 최초의 400V/800V 멀티 급속충전 기술, 차량 외부로도 자유롭게 전기를 공급할 수 있는 V2L(Vehicle to Load) 기능 등을 추가로 적용해 보다 진화된 전동화 모빌리티 고객경험을 제공했다.

현대자동차는 2021년부터 첫 차세대 전기자동차(코드명 NE)를 생산했으며, 현대자동차는 이를 위해 울산 1공장 2라인을 전기차 전용 라인으로 변경했다. 또한 앞으로의 생산 확대를 위해 기존 'E-GMP' 외에 추가로 새로운 전기차 플랫폼을 개발하고 배터리 역량 확보에도 총력을 기울일 계획이다. 새로운 전기차 아키텍처로 2025년 승용 전용 전기차 플랫폼 'eM'과 PBV(목적 기반 모빌리티) 전용 전기차 플랫폼 'eS'를 도입한다. eM 플랫폼은 표준 모듈을 적용해 E-GMP 대비 공용 범위가 확장된 것이 특징으로, 모든 세그먼트를 아울러 적용할 수 있는 형태로 개발된다. 주행가능거리는 현 아이오닉5 대비 50% 이상 개선되며, 레벨3 이상의 자율주행 기술과 무선 업데이트(OTA) 등이 기본화 된다.

---

57) 현대자동차그룹, 전기차 전용 플랫폼 'E-GMP' 최초 공개, HMG 저널, 2020.12.02
58) [단독] 현대車 차세대 전기차가 온다…충전은 15분, 실내는 팰리세이드급, 한국경제, 2020.05.10

NE는 현대차의 전기차 전용 플랫폼(e-GMP)을 활용한 첫 양산차다. 현대차는 지금까지 코나와 아이오닉 등 기존 차량의 뼈대를 부분 개조한 전기차만 내놨다. 전기차 아이오닉5의 성공적인 출시에 이어 올해 아이오닉6, 2024년 아이오닉7을 차례로 내놓으며 2030년까지 △SUV 6종 △승용 3종 △소상용 1종 △기타 신규 차종 1종 등의 11개의 전기차 라인업을 구축하기로 했다. 수익성이 높은 SUV를 중심으로 라인업을 확대하는 한편, 지역 특화 전략형 모델을 출시해 2030년 연간 152만대의 전기차를 판매한다는 계획이다.

배터리는 SK이노베이션 제품을 쓴다. 기본형에는 58kWh, 항속형에는 73kWh 배터리가 탑재된다. 충전 후 각각 354km, 450km 주행할 수 있다. 항속형은 현대차의 대표 전기차인 코나 EV(406km)보다 주행거리가 길다.

[그림 78] 현대자동차 콘셉트카

현대차의 고급브랜드 제네시스는 2025년부터 모든 신차를 전동화 차량으로 출시한다. 이에 따라 2030년까지 전기차를 △SUV 4종 △승용 2종 등 6개 이상의 차종으로 구축하기로 했다. 제네시스는 앞서 지난해 G80 전동화 모델과 전용 전기차 GV60를 선보였으며 올해는 GV70 전동화 모델 출시를 앞두고 있다. 제네시스는 럭셔리 전기차 브랜드로서 차별화를 시도하고, 이를 기반으로 2030년 전기차 35만대 판매로 글로벌 고급 전기차 시장에서 점유율 12%를 달성한다는 목표다.[59]

이를 위해 2025년까지 전동화(전기차 및 수소전기차) 분야에 9조7000억원을 쏟아붓는다. 미래 산업 관련 투자액(2025년까지 20조원)의 절반가량을 전기차에 투입한다는 의미다.

---

59) 파이낸셜뉴스 '현대차·제네시스, 전기차 17종 출격...eM·eS 새 플랫폼 만든다'

2) 스타코프(Starkoff)[60][61]

스타코프는 설치 비용이 저렴한 콘센트형 장치를 선보여 공공부문의 주목을 받아 미래차 인프라를 확충하는 선도자로 자리매김했다. 스타코프는 인공지능(AI)을 연계한 '전력부하 분류 기술'로 제품 혁신을 이뤄냈다. 업체에 베팅한 벤처캐피탈들은 수요자의 편익을 높이는 데 힘쓴 대목을 호평했다. 정부 보조금 지급과 무관하게 지속 가능한 사업 모델을 갖췄다는 데서 장기간 성장을 낙관했다.

스타코프는 공장을 겨냥한 전력 계측 장치인 '딥센스'를 선보였고, 이후 콘센트형 충전기인 '차지콘'도 개발했다. 콘센트형 전기차 충전기인 차지콘에는 '부하 패턴 분류 기술'이 녹아들었다. 부하는 전기 사용량을 뜻한다. 어떤 기기가 전력을 썼는지 감지하는 데 방점을 찍었다.

인공지능(AI)이 전력 부하의 신호를 인식하는 원리를 반영했다. 콘센트에 연결된 대상이 전기차인지 가려낸다. 다른 전자 기기를 단자에 꽂으면 이상 상태로 간주해 전류를 차단한다. 건물 관리인의 허가 없이 주차장 콘센트에 무단으로 플러그를 꽂아 쓰는 '도전(전기 도둑질)' 현상이 일어날 여지도 없앴다. 무선인식(RFID) 기술을 연계한 덕분이다. 스마트폰을 장치에 갖다대 인증된 사용자만 충전할 수 있다. 클라우드 서버에서 과금을 처리해 한국전력과 요금을 정산하는 구조를 설계했다.

국내 전기차 충전기 가운데 유일하게 당국에서 '그린 제품 인증'을 받았다는 사실도 눈여겨볼 부분이다. 차량을 연결하지 않으면 차지콘은 대기 전력을 차단한다. 전기를 낭비하지 않는 덕분에 친환경 정책 기조에 부응한다.

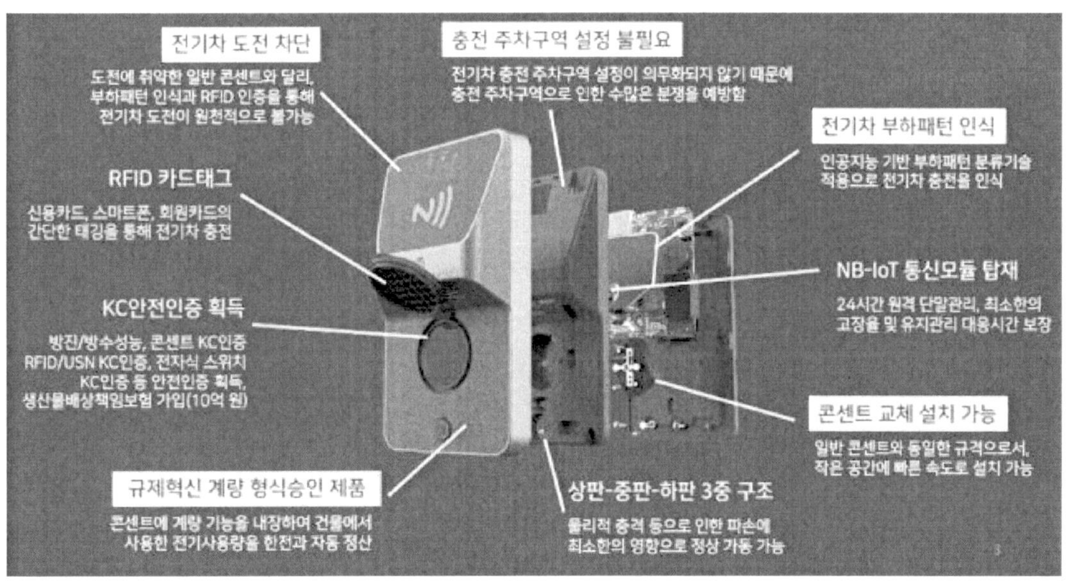

[그림 79] 차지콘 주요 기능과 특징

---

60) '전기차 충전 콘센트' 스타코프, 인프라 확충 선두주자, 더벨, 2020.11.20
61) 강원도,스타코프와 생활거점형 전기차 충전인프라 무상 구축 협약, 강원도민일보, 2020.11.27

최근 강원도는 도내 전기자동차 충전인프라 구축 확대를 위해 스타코프와 '생활거점형 전기차 충전인프라 무상 구축 협약식'을 가졌다. 이번 협약은 한국판 그린뉴딜 정책의 일환으로 점차 확대되는 친환경 자동차 보급사업의 원활한 추진을 위해 진행되는 협약으로 공동주택 주차장 중심의 충전인프라를 완속충전기·콘센트 중심으로 확대해 생활충전 서비스를 도민들에게 편리하게 제공하기 위해 마련됐다.

협약을 통해 도는 공동주택 등 전기차 충전기 설치 수요처를 발굴하는 등 사업추진에 협조하고 스타코프는 전기차 충전기 설치를 원하는 도민들을 대상으로 최대 1만대를 무상 제공하고 충전기의 사후 관리까지 담당하게 된다.

나. 국외기업

1) Tesla

Tesla는 2022년 1분기에 약 31만대, 2분기에는 25만8580대의 차량을 생산했다. 2022년 상반기 동안 생산한 물량만 56만대가 넘는다. 인기차종은 테슬라 모델3와 모델Y이다. 보급형 세단형 전기차인 테슬라 모델3는 2021년 말 기준으로 전체 판매량의 2/3를 차지하고 있다. 중형 SUV 전기차인 테슬라 모델Y는 2020년 첫 등장 이후 빠르게 점유율을 넓혀가고 있다.[62]

Tesla는 성장 전략으로서 1) 중국, 유럽 현지 생산 및 판매 체제, 2) 규모의 경제, 3) 자율주행 소프트웨어 등을 거론하며, 향후 5년간 연평균 성장률로 30% 수준을 제시하고 있다. Tesla는 2019년 말부터 Gigafactory Shanghai가 생산에 들어갔다. 이는 Model 3를 연간 20만대 생산할 수 있는 능력을 갖췄다. 이미 수익성이 Gigafactory Fremont와 대등한 수준까지 향상됐으며, 미국 공장 대비 생산 비용을 최대 65% 절감할 수 있다. Gigafactory Shanghai에서는 배터리를 Panasonic 이외에 LG화학으로 이원화했고, CATL의 각형 배터리도 채용할 것으로 알려져있다.

특히 테슬라 모델Y는 2022년 6월 기준으로 압도적이라고 할 수 있을 정도로 높은 판매량을 보여주고 있다. 97,950대 판매되어 전년 동기 대비 130% 판매량이 증가했고, 순위 역시 3위에서 1위로 뛰어올랐다. 이처럼 테슬라 모델Y 모델이 인기를 얻고 있는 이유는 패밀리 SUV에 대한 선호 그리고 출시 국가의 확대 때문이라고 볼 수 있다. 현재 글로벌적으로 수요가 공급보다 높기 때문에 이 모델의 인기는 앞으로도 지속될 것으로 보인다.[63]

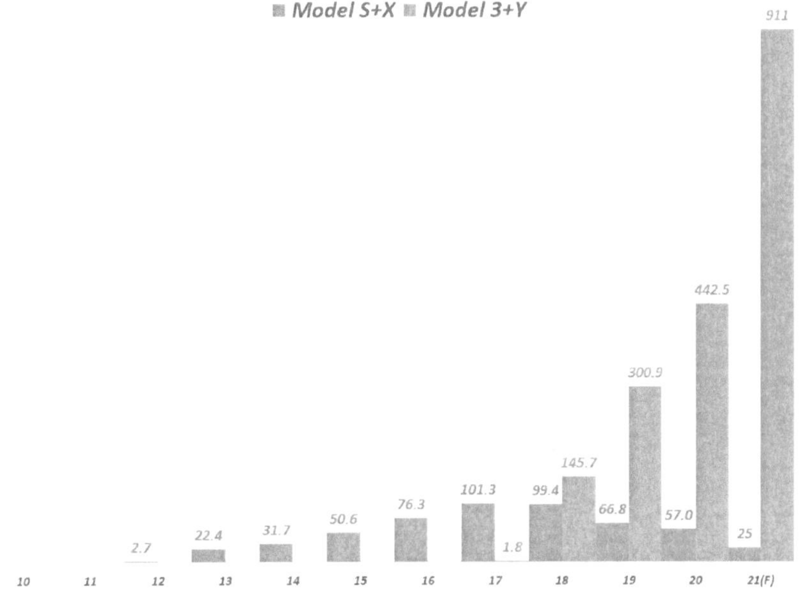

그림 80 테슬라 연도별 모델S+X와 모델3+Y 판매추이

---

62) tech42 '테슬라, 전기차 사상최초 누적 판매량 300만대 눈 앞'
63) 네이버 '테슬라모델Y, 모델3 얼마나 팔릴까? 6월 글로벌 전기차 판매량 동향'

2) Volkswagen

Volkswagen이 공격적인 전동화 전략(Roadmap E)을 추진하고 있다. 순수 전기차 판매 비중을 2020년 3%에서, 2030년까지 50% 이상으로 확대하겠다는 목표다.

Volkswagen ID.4는 폭스바겐 전기차 전용 플랫폼인 MEB 기반으로 탄생한 브랜드 최초의 순수 전기 SUV 모델이다. 한번 충전으로 400km 이상 주행이 가능하며, 36분대의 급속 충전 시간, 100% 국비 보조금 혜택 등이 차별화된 특징이다.

ID.4에는 82kWh의 고전압 배터리가 탑재돼, 1회 충전 시 최대 주행가능 거리는 복합 405km, 도심 426km, 고속 379km에 달한다. 충전 시스템의 경우 최대 충전 용량 135kW의 급속 충전 및 11kW의 완속 충전 시스템을 모두 지원한다. 최대 급속 충전 속도로 충전 시 약 36분 만에 배터리 용량의 5~80%까지 충전 가능하다. 최고출력은 150kW(204 PS)이며 31.6kg.m(310Nm)의 최대토크를 출발 즉시 발휘한다. 정지상태에서 시속 100km까지 8.5초 이내에 가속할 수 있다.[64]

MEB 프로젝트는 2031년까지 900만대의 전기차를 대상으로 하며, 총 150GWh 용량의 배터리를 필요로 할 것이다. 지역별로 유럽향은 LG화학과 삼성SDI, 중국향은 CATL, 미국향은 SK이노베이션이 파트너로 선정된 상태다.

Volkswagen은 MEB 기반의 주행거리를 550km까지 늘리고, 이후 배터리 전략으로서 2023년경에 실리콘 음극재를 채택하고, 2026년경에는 전고체 전지 상용화에 나설 계획이다. 프리미엄 플랫폼인 PPE 프로젝트도 국내 배터리 업체들이 공급을 주도하고 있다. Audi e-tron은 LG화학, 삼성SDI, Porsche의 Taycan은 LG화학, 후속인 Macan은 삼성SDI가 맡은 것으로 알려진다.[65]

---

64) 쿠키뉴스 '폭스바겐, ID.4로 전기차 시장 도전장… 하반기 경쟁 치열'
65) 전기차와 이차전지, 키움증권, 2020.06.04

3) GM[66]

GM은 미국 자동차 3사 일명 'BIG 3' 중 가장 공격적으로 전기차와 배터리 분야에 투자하고 있다. 최근 제너럴모터스(GM) 브랜드 쉐보레가 새로운 전기차 모델 2024 '블레이저 EV'를 공개했다. 블레이저 EV는 완충 시 최대 515km(GM 자체 인증 기준)를 달리는데, 2023년 상반기 북미시장에 4만7595달러(약 6300만원)부터 출시될 예정이다. 국내 출시 일정은 아직 정해지지 않았지만, 2025년 출시될 가능성이 크다.

블레이저 EV는 GM의 얼티엄 플랫폼을 기반으로, 가솔린 모델인 2018 '블레이저'의 디자인을 계승하는 동시에 '카마로'와 '콜벳'의 퍼포먼스에 영감을 받아 제작됐다. 블레이저 EV는 1LT, 2LT, RS와 쉐보레 최초의 전기차 퍼포먼스 모델인 SS 트림으로 구성되며, 경찰용 특수 판매 모델 PPV도 판매될 예정이다.

블레이저 EV는 11.5kW급 레벨 2(AC) 충전 시스템과 최대 190kW까지 충전할 수 있는 DC 급속 충전이 지원된다. DC 급속 충전 시, 10분 충전으로 약 126km를 주행할 수 있다. GM의 첨단 핸즈프리 드라이빙 기술 '슈퍼 크루즈'가 탑재됐고, 얼티엄 배터리을 차량 바닥을 평평하게 배열해 여유로운 공간을 확보한 것이 특징이다.

고성능 트림인 블레이저 EV SS는 최대출력 557마력, 최대토크 89.6kgf·m의 주행성능을 내며, 사륜(AWD) 구동 방식과 정지 상태에서 4초 이내에 시속 100km까지 가속할 수 있는 와우(WOW) 모드를 갖추고 있다.

---

66) 조선비즈 'GM, 새로운 전기차 블레이저 EV공개...내년 북미 시장에 출시'

또 블레이저 EV는 후진 자동 제동과 첨단 주차 보조 기능을 포함해 쉐보레의 최신 운전자 보조 기술을 제공한다. 자동 긴급 제동과 전방 추돌 경고, 전방 보행자 감지 브레이크, 전방 차량과의 간격 탐지 기능, 차선 유지 보조, 차선 이탈 경고, 인텔리전스 빔 등 쉐보레 안전 보조 기술도 적용됐다.

블레이저 EV의 여러 기술은 GM의 첨단 소프트웨어 플랫폼 '얼티파이'를 통해 구현된다. 얼티파이는 차량 소프트웨어와 하드웨어를 분리, 무선으로 고객들이 소프트웨어와 어플리케이션을 지속적으로 업데이트 받을 수 있도록 지원한다.

GM은 2023년 여름 북미시장에서 블레이저 EV 2LT, RS 트림부터 판매할 예정으로, 각 트림별 가격은 4만7595달러, 5만1995달러부터 시작한다. SS 모델은 2023년 하반기에 출시할 계획으로 가격은 6만5995달러부터 시작한다. 뒤이어 1LT 및 PPV 관용차 모델이 2024년 1분기에 추가 출시 예정이며, 1LT 모델 가격은 4만4995달러부터다.

4) FORD[67]

미국 포드자동차의 유럽지부(이하 유럽포드)가 오는 2024년까지 유럽 시장에 7종의 신형 전기차를 추가해 총 9종의 전기차 라인업을 꾸리게 될 것 출시한다는 계획을 밝혔다.

유럽포드는 현재 유럽 시장에서 머스탱 마하-E와 상용차 e트랜짓을 포함해 2종의 전기차 모델을 판매하고 있다.유럽포드가 밝힌 바에 따르면 오는 2024년까지 3종의 전기 승용차와 4종의 전기 상용차를 추가해 전기차 라인업을 총 9종으로 늘릴 계획이다.

---

67) MOTOYA ʻ유럽포드, 2024년까지 신형 전기차 9종 출시한다ʼ

아울러 2026년도까지 전기자동차의 생산량을 총 60만대 이상으로 확대할 계획이다.

유럽포드는 독일 쾰른에서 발표한 이 계획을 위해 총 20억 달러를 투자하며, SK이노베이션의 배터리사업 부문 자회사, SK온(SK on Co., Ltd), 그리고 터키의 코치 홀딩(Koç Holding)과 함께 배터리 생산을 위한 합작법인을 세우는 내용의 양해각서를 체결하고 터키에 유럽지역 최대 규모의 배터리공장을 설립한다. 여기에 합작법인 터키에 위치한 유럽포드와 코치 홀딩의 합자회사 포드 오토산(Ford Otosan JV)이 포드 루마니아 공장(구 대우자동차 루마니아 공장)을 인수하여 이를 전기차 생산 기지로 전환시킬 예정이다.

이러한 일련의 흐름에 따라 유럽포드는 2035년까지 유럽지역에서 전기차 생산량을 증대함과 더불어, 시설, 물류, 벤더사의 유럽지역 내 탄소 발자국까지 관리함으로써 모든 시판차량의 탄소배출을 0으로 만들기 위한 계획이다.

유럽포드는 유럽에서 새롭게 출시할 전기 승용차로는 푸마의 전동화 모델과 더불어, 중형 크로스오버 차량과 스포츠 크로스오버 차량을 각각 출시할 것이라고 밝혔으며, 상용차의 경우, 승합차 모델 트랜짓 커스텀과 투어네오 커스텀의 전동화 모델, 소형 상용차 트랜짓 쿠뤼어(Transit Courier) 등의 전기 상용차를 출시할 계획이다.

전기자동차 국가별 동향

7. 전기자동차 국가별 동향

가. 국내 동향

1) 보조금 체계 개편[68]

환경부(장관 한정애)는 2022년 말까지 무공해차(전기차·수소차) 누적 50만 대를 보급하여 수송부문 탄소중립을 본격적으로 가속화하겠다고 밝혔다.

2021년 무공해차 신규 보급 대수는 총 10.9만대로 전년 대비 2배 이상 증가하여 전체 신규 차량 175만 대 중 6% 수준을 차지했으며, 누적 보급 대수는 25.7만 대(전체 차량 2,491만 대 중 1%)를 달성했다. 특히, 전기 승용차는 다양한 신차종 출시와 인기로 2021년 대비 신규 보급 대수가 2.3배 증가하고, 전체 신규 등록 차량(148만 대) 중 비율 역시 2021년 1.9%에서 4.8% 수준으로 크게 늘었다.

수소차는 2021년 8,532대를 신규 보급하여 2020년도 5,843대 대비 신규 보급 대수가 약 46% 증가했으며, 수소차 보급대수 기준으로 2년 연속 전 세계 1위를 달성했다. ('21.1월~9월 판매기준으로 한국: 6,420대, 미국: 2,743대, 일본: 2,168대)

이에 따라 환경부는 2022년 무공해차 누적 50만 대를 보급하기 위해 무공해차 보조금 지원 체계를 대폭 개편했다.

2021년 12월에 개정한 '2022년 수소차 보급 및 수소충전소 설치사업 보조금 업무처리지침'은 2022년 수소 광역버스, 수소 청소차에 대한 보조금 지원 단가를 반영했으며, 이를 통해 수소충전소 구축지역을 대상으로 상용차 보급을 확대할 예정이다. 무공해차 보급과 함께 충전환경 개선을 위해 2022년부터 충전기 구축은 지역별 무공해차 보급과 보다 적극적으로 연계할 계획이다.

전기충전기의 경우 차량 제작사, 충전사업자 등과 함께 지역별 대표 충전기 구축사업을 발굴, 추진하고, 공동주택뿐 아니라 단독주택, 도·농지역 등 충전취약지역 생활권에 충전기 설치를 집중 지원할 예정이다.

수소충전소는 2021년에 수립한 전략적 배치계획을 토대로 전국에 누적 310기 이상을 균형 있게 확충할 계획이다. 아울러 수소버스 등 대형 수소차량의 전환을 위한 기반을 조기에 마련하기 위해 특수용(버스, 트럭 등) 수소충전소 공모 시 액화수소 충전소도 신규로 선정할 예정이다.

---

68) 환경부 보도설명 '2022년 무공해차 50만 시대가 열린다'

구분	'21년	'22년(안)
승용	· 연비보조금(420만원×연비계수) + 주행거리 보조금(280만원×주행거리계수) + 이행보조금(50만원*) + 에너지효율보조금(50만원**) (연비·주행거리 보조금 최대지원액 700만원) * 제도 대상(20만원), '20년 보급목표 달성률(30만원) (100%~110% 10만원, 111%~150% 20만원, 151%~ 30만원) ** 상온 대비 저온 1회충전주행거리 비율 기준 (300km 미만 : 75~80% 미만 30만원, 80% 이상 50만원, 300km 이상 : 70~75% 미만 20만원, 75~80% 미만 30만원, 80% 이상 50만원, 400km 이상 : 65~70% 미만 20만원, 70~75% 미만 30만원, 75% 이상 50만원	· 연비보조금(360만원×연비계수) + 주행거리 보조금(240만원×주행거리계수) + 이행보조금(70만원*) + 에너지효율보조금(30만원**) (연비·주행거리 보조금 최대지원액 600만원) * 제도 대상(30만원), '21년 보급목표 달성여부(40만원) (무공해목표 달성 20만원, 저공해목표 달성 20만원) ** 상온 대비 저온 1회충전주행거리 비율 기준 (300km 미만 : 75% 이상 10만원, 80% 이상 20만원, 300km 이상 : 70% 이상 10만원, 75% 이상 20만원, 80% 이상 30만원 400km 이상 : 70% 이상 20만원, 75% 이상 30만원
	· < 신 규 >	· 인하인센티브, 기본가격 5.5천만원 미만 차량 대상 전년도 대비 가격 인하액의 30%(최대 50만원) 추가 지원 * 인하인센티브, 이행보조금, 에너지효율보조금 포함한 추가 보조금은 100만원 초과 불가
	· 가격구간별 보조금 차등 * 6천만원 미만(100%), 6-9천만원 미만(50%), 9천만원 이상(0%)	· 가격구간별 보조금 차등 * 5.5천만원 미만(100%), 5.5~8.5천만원 미만(50%), 8.5천만원 이상(0%)
	· < 신 규 >	· 법인·기관 지원시 지방비 50%만 지급 * 택시, 소상공인 제외
	· < 신 규 >	· 10%를 택시 물량으로 별도 배정
승합	· 최대보조금 규모 대형 80백만원, 중형 60백만원	· 최대보조금 규모 대형 70백만원, 중형 50백만원
	· < 신 규 >	· 어린이 통학차량 구매시 우선순위 부여, 국비 500만원 추가 지원
화물	· 소형 1,600만원 정액 지급	· 소형, 성능(연비, 주행거리) 고려하여 차등, 최대 1,400만원
	· < 신 규 >	· 소상공인, 차상위 이하 계층 구매시 국비 지원액의 10% 추가 지원 * 승용 旣시행중

	· < 신 규 >	· 법인·기관 물량 별도 배정·집행 (20%)	
	· 화물 중소기업 생산물량은 3/4분기부터 집행되지 않은 물량에 대해 기존 물량에 통합하여 집행할 수 있음	· 화물 중소기업 생산물량은 <u>9월</u>부터 집행되지 않은 물량에 대해 기존 물량에 통합하여 집행	
초소형	· < 신 규 >	· 초소형 승용·화물차, 도심내 영업용 활용 확대를 위한 사업용 구매시 50만원 추가 지원	
공통	· < 신 규 >	· 최소 2회 이상 공고	
	· 법인·기관의 차량 구매 신청이 있는 경우 K-EV100 참여 업체에 우선순위를 두어 집행해야 함	· 법인·기관의 차량 구매 신청이 있는 경우 K-EV100 참여 업체, <u>친환경차 구매목표제 대상 기업</u>에 우선순위를 두어 집행해야 함	
	· 지자체 거주요건 최대 3개월 내	· 지자체 거주요건 최대 3개월 내, <u>계산 기준일을 구매신청서 접수일로 통일</u>	
	· < 신 규 >	· '배터리 필수정보 제출'을 보급사업 참여 자격조건으로 설정	

표 26 2022년도 전기차 보조금 체계

나. 국외 동향[69][70]

1) 미국

미국은 기업평균 연비규제(CAFE Standards)에서 규제가 완화된 SAFE(Safety Affordable Fuel-Efficient) Standards를 2020년 3월 최종 발표했다. 이는 2018년 8월 미국 환경국(EPA)과 NHTSA의 SAFE 제안, 9월 SAFE 논의 기간 연장, 2019년 9월 연비 규제를 위한 국가 프로그램 설립 등 세 차례 과정을 거쳐 2020년 3월 최종 결정된 SAFE를 발표한 것으로, 매년 약 5%씩 이산화탄소 배출 기준을 강화해야 하는 CAFE 요건과 비교하여 SAFE는 2021년부터 2026년까지 매년 1.5%씩 기준을 강화해야 하는 것으로 요건을 완화했다.

이에, 최종 결정된 SAFE에 따라 2026년까지 갤런당 54.5마일에서 약 14MPG(mile/gallon) 낮아진 갤런당 40.4마일의 평균 연비가 요구된다.

미국 의회는 전기차 구매에 대한 2,500~7,500달러의 세금 면제를 제공하는 연방세금 공제를 연장하지 않기로 했으며, 이 크레딧은 연간 20만대의 한도 이상의 차량을 판매하는 자동차 제조업체가 만든 모델에 대해 1년 동안 단계적으로 폐지한다.

2) 유럽

유럽 자동차제조협회(ACEA)는 유럽 자동차부품공업협회(CLEPA), 유럽 딜러협회(CECRA) 등과 함께 EU집행위원회에 이산화탄소 연평균 배출량을 95g/km로 제한하는 규정 완화를 요청했다. 이러한 규제 완화로 전기차 등 친환경차 개발 및 보급 확산에 대한 완성차업체들의 부담은 다소 완화될 수 있으나 전기차 개발 등의 기존 투자는 계획대로 진행될 전망이다.

유럽연합은 2050년까지 순 온실가스 배출량을 제로화하고 청정 성장 촉진을 목표로 하는 유럽 그린딜(European Green Deal)을 발표했다. 지속 가능한 스마트 모빌리티로의 전환을 위해 엄격한 CO_2 표준을 포함하여 전 경제 부문에 걸친 여러 조치를 통합했다.

프랑스는 2050년까지 육상 운송의 탈탄소화를 목표로하는 모빌리티 오리테이션 법(Loi d'Orientation des Mobilités)을 발표했으며, 2040년부터 직접적으로 CO_2를 배출하는 차량 판매를 단계적으로 중단할 예정이다.

독일은 2030년까지 운송 관련 배출량을 40~42%까지 줄이는 내용을 포함한 기후 행동 프로그램(Climate Action Programme)을 발표했으며 2030년까지 BEV와 수소전기차(FCEV)의 누적 보급 대수 700만~1천 만대를 목표로 한다.

---

69) 미래전략산업 브리프, 산업연구원, 2020.04
70) 미래전략산업 브리프, 산업연구원, 2020.10

스웨덴은 2020년까지 신재생 에너지 사용비율 50% 달성을 시작으로 교통분야 화석연료 퇴출(2030), 전력생산 시 100% 신재생 에너지원 사용(2040), 온실가스배출 제로화(2045) 달성을 친환경정책 목표로 설정하고 교통분야 화석연료 퇴출을 위해 Bonus-Malus System 시행 및 전기자동차 개발과 충전설비 등 인프라 투자를 적극 지원해오고 있다. 전기차 확대로 충전인프라 수요가 늘어남에 따라 스웨덴 정부는 2022년 1월1일부터 에너지 공유 및 전기충전소 건설을 위한 전력 망 건설관련 규제 일부를 완화했다.

정부는 스웨덴 전기 법(1997:857)을 개정, 전력 망 건설 시 사전승인이 필요하던 조항에 예외항목을 두어 충전인프라 건설시 관계기관의 사전승인이 필요 없도록 하고, 기존 전기법에서 명기한 '토지소유권이 없는 액터(건설사)가 해당 토지에 전기차 충전시설을 건설할 수 없도록 함' 항목을 개정해 토지 소유권이 없는 액터라도 충전인프라를 건설할 수 있도록 변경했다.

개정안에 따르면, 관계기관의 사전승인 없이 태양전지전력을 사용하는 한 건물로부터 인근 건물로 전력망을 연결할 수 있고, 충전인프라 건설을 위해 도로에 세워진 가로등 전력망으로부터 전기를 끌어 쓸 수 있게 된다. 또한 주행차량이 주행 중 충전할 수 있는 전기도로도 건설이 가능하다.

스웨덴 정부는 공공 고속충전소 건설 시 해당업체에 세금 감면 및 최대 10백만 유로를 지원하겠다고 발표했고, 지난해에 이어 2022년에도 개인 주택의 전기차 충전시설과 자가생산전력 저장시스템 설치 시 보조금을 지원한다.

해당 지침 발표로 앞으로 스웨덴의 충전인프라 건설이 더욱 활기를 띨 전망이다. 스웨덴내 주유소 체인인 OKQ8, Circle K, Preem사 등은 정부 발표를 반기며 앞다투어 전기충전소 건설 계획을 발표했다. OKQ8사는 2026년까지 승용차용 전기충전소 800개소, 중형차용 전기충전소 300개소를 건설할 계획이고, Circle K는 2025년까지 500개소, 2030년까지 추가로 1,000개소를 건설하고 이와 함께 중형차의 고속충전을 위한 네트워크를 확대하겠다고 발표했다. Preem사는 Recharge사와 함께 2025년까지 150~300KW 충전소 800개소를 건설할 예정이다.[71]

---

71) designdb 해외디자인뉴스 '2022년 스웨덴에서 달라지는 것들'

3) 중국

정부는 2022년 정부업무보고에서 중국내 에너지 자원 생산능력을 증대하고, 석유, 가스, 광물 등의 자원 탐사·개발을 촉진하며, 그리고 국가전략물자비축제도를 완비하여 에너지 및 기초원자재 공급을 안정화한다고 명시하여 에너지 안보를 강화할 계획이라고 밝혔다.

중국은 그동안 NEV산업을 육성·발전시키기 위해 보조금정책을 시행하였는데, 최근 중국 전기차 산업이 성숙단계로 접어들었고, 일부 전기차 업체의 과도한 보조금 의존, 과열경쟁 등과 같은 문제점이 발생함에 따라 2020년에 동 제도를 폐지하기로 하였으나, 코로나 등으로 2022년까지 연장하기로 했다. 2022년에는 보조금을 2021년보다 30% 삭감하며, 2023년부터는 완전히 폐지한다. 이는 코로나19, 반도체 공급부족, 원자재 가격 상승 등 어려운 상황에도 중국 전기차 산업이 크게 성장했다고 판단했기 때문이다.

중국 자동차업계 관련 '전인대' 대표와 '정협' 위원들은 2022년 NEV 보조금 정책이 중단된다면, 기업들의 부담이 크게 증가할 것이기 때문에 정부의 보조금 정책을 1~2년 더 연장하고, 또한, 소비자의 NEV 취득세와 소비세를 면제해주는 정책도 2025년 12월까지 연장해줄 것을 제안했다.

이에 대해 정부의 공업정보화부는 중국 NEV차 취득세 감면 등과 같은 지원책과 크레딧 제도를 개선해서 보조금 폐지가 시장에 주는 악영향을 최소화시키겠다고 밝혔다.

크레딧 제도(더블포인트제)는 2019년에 중국이 자국 내 자동차업체들의 NEV 생산 비중을 의무화하기 위해 승용차 연간 생산량이나 수입량이 3만 대 이상인 기업을 대상으로 시행한 '승용차기업에 대한 평균연비 포인트와 NEV 포인트의 병행 관리에 관한 방법 정책이다.

해당 기업들은 NEV 비중을 2019년에 전년대비 10% 확대하기 시작해서 2023년까지 매년 2%p씩 늘려야 하며, 2024년부터의 비중은 공업정보화부가 별도로 공표한다.[72]

---

72) 세계 에너지시장 인사이트 제 22-6호 2022.3.28.「중국의 2022년도 에너지 정책 추진 방향 분석」

4) 헝가리[73]

헝가리 정부는 전기차 소비 촉진을 위해 구매에 따른 보조금 지원, 초록색 번호판 제공, 무료 주차 허용, 등록세 및 기타 비용 면제, 충전소 설치 및 운영 기준 완화 등 실시하였으며 지자체로 하여금 충전소 설치 비용 전면 지원 등 인프라 확충에도 예산을 아낌없이 지원했다. 그리고 헝가리 정부는 EU의 환경보호 정책에 발맞춰 전기차 구매에 대해 보조금 지급 정책을 새로이 발표했다.

전기차, 전기 이륜차 및 스쿠터 보조 계획에 총 50억 포린트의 자금을 2022년 6월까지 활용하도록 배정하였다. 구체적으로 1.1천만 포린트 미만 전기차에 대해서는 최대 2.5백만 포린트 지원, 1.1천만 이상 1.5천만 포린트 이하 전기차에 대해서는 50만 포린트를 지급하도록 정했다. 이는 기존에 보조금 지원 대상 전기차 가격의 최대 21% 또는 150만 포린트 상한 지원금을 제공하던 것에서 변경된 것이다.

금액 상한선을 초과하는 테슬라 모델이나 재규어 I-Pace의 경우 보조금 지원 대상에서 제외된다. 또한, 기존 내연기관 택시에 대해 전기차로 교체하는 계획도 포함되었으며 이에 따라 약 240대의 택시가 구매될 전망이다. 자동차 산업이 헝가리 경제의 중심축이고 코로나19에 따라 중단된 경제를 재개하는 과정 속에서 가능한 친환경에 초점을 맞춰 진행할 예정임을 발표한 만큼 헝가리 정부의 전기차 도입에 대한 의지를 확인해볼 수 있다.

5) 태국[74]

태국 정부는 2021년 3월 '국가 전기차 정책위원회'는 2030년까지 태국 국내 등록 차량 중 전기차 비중을 50%로 늘리는 것을 목표로 한다고 밝혔다. 또한 태국 정부는 2030년까지 태국에서 생산되는 신차 중 전기차의 비중을 30%로 늘리는 것을 목표로 하고 있다. 태국 국가 전기자동차정책위원회는 전기차 생산량이 2025년 105만 대, 2030년 622만 대, 2035년 1,840만 대를 달성하는 것을 목표로 하고 있으며, 전기차 등록 수 목표치는 2025년 150만 대, 2030년 541만 대, 2035년 1,558만대이다.

또한 국가전기자동차정책위원회의 목표치를 달성하기 위해 세금 감면 및 보조금 정책을 승인하였다. 2022년 8월 23일 태국 정부는 태국을 전기차 주요 생산지로 만들고 전기차 산업 경쟁력을 확보하기 위해 2억 2,000만 태국 바트(한화 약 82억 7,024만 원)의 전기차 보조금 예산을 승인하였다. 아누차 부라파차이스리(Anucha Burapachaisri) 태국 정부 대변인은 전기차, 전기 트럭, 전기 오토바이 구매에 한 대 당 최소 1만 8,000 태국 바트(한화 약 68만 원)에서 최대 15만 태국 바트(한화 약 564만 원)의 보조금이 제공될 것이라고 밝혔다.

---

73) 헝가리, 전기차 지원 정책과 시장동향, KOTRA, 2020.06.15
74) 태국 전기차 시장, 2030년 75만 대 생산 계획, KOTRA, 2021.02.04

이 밖에도 2022년 7월에 태국 정부는 2022년 10월 1일부터 2023년 9월 30일까지 등록된 전기차에 대한 자동차세를 80% 인하하는 세금 인센티브를 승인하기도 하였다.

전기차 산업을 위해 전기차 충전 시설 확충에도 주목하고 있다. 대만의 전력공급제품 전문 회사 델타 일렉트로닉스(Delta Electronics) 태국 지부는 전기차 보급 대수가 증가하면서 전원 공급을 보장하기 위한 장기적인 계획이 필요하다고 지적하였다. 태국 정부는 이 점을 의식하여 2025년까지 직류(DC) 전기차 충전시설을 2,200~2,400개로 설치하고, 2030년까지 충전소를 최대 1만 2,000개로 늘리는 것을 목표로 하고 있다. 2022년 4월 7일 태국 투자청은 이 목표치를 달성하기 위해 최소 40개 이상의 전기차 충전 시설 개발에 투자하는 기업에 5년 동안 법인세를 면제한다고 밝힌 바 있다. MG 자동차는 150개 이상의 전기차 고속충전소를 설치하였다고 밝혔다.

태국에서 전기차 제품을 다양화하는 방안도 이뤄지고 있다. 태국의 재생에너지 및 전기차를 개발하고 운영하는 공기업인 에너지 앱솔루트(Energy Absolute)는 전기차 기술을 활용하는 전기 기관차를 도입하여 시범 운행을 하는 중이라고 밝혔다. 아몬 사프타위쿨(Amorn Sapthaweekul) 에너지 앱솔루트 부사장은 전기 기관차가 도입될 경우 한번 충전으로 150~200km를 달릴 수 있다고 밝히며, 철도 운행으로 인해 드는 연료비를 최대 40%까지 절감할 것이라고 발언하였다. 이 밖에도 에너지 앱솔루트는 2021년부터 전기 버스를 조립하기 시작하였으며, 연간 8,000대의 전기 버스를 공급하고 있다.[75]

---

75) AIF 아세안 '[이슈트렌드] 태국, 2030년까지 전기차 생산 비중을 30%로 늘리기 위해 대규모 예산 편성

6) 인도[76]

인도의 자동차산업은 세계에서 다섯 번째로 크며 2030년에는 세계 3위가 될 것으로 예상한다. 화석연료에 의존하는 전통적 자동차산업이 지속가능하지 않다고 판단한 인도 정부는 향후 전기차로 모든 자동차를 대체하는 매우 야심찬 계획을 세우고 있다. 인도의 자동차산업을 전기자동차로 바꿀 수 있도록 하는 주요 요소로는 비교적 풍부한 재생에너지 자원, 그리고 제조업에 풍부한 노동력을 꼽을 수 있다. India Energy Storage Alliance(IESA)의 보고서에 따르면 인도의 전기자동차 시장은 2026년까지 매년 36%의 고도성장을 할 것으로 기대하며 전기자동차용 배터리 시장은 같은 기간 동안 매년 30% 성장할 것으로 예상한다.[77]

인도는 중앙정부뿐만 아니라 지자체 차원에서의 다각화된 전기차 전환 정책에 힘이 실리고 있다. 안드라프라데쉬, 카르나타카, 케랄라, 델리, 텔랑가나, 우타르프라데쉬, 펀잡, 비하르, 타밀나두 등 최소 10개 이상의 주요 지역(州)에서 국가 전기차 정책을 뒷받침할 세부 계획을 수립했다.

각 지방정부 정책은 공통적으로 이륜 및 삼륜차와 대중교통의 전기차 전환에 방점을 두고 있으며, 나아가 이를 통한 신산업에서의 고용 창출 및 투자 유치를 목표하고 있다. 다만, 주별 수급 상황에 따라 인센티브 범위 및 목표치는 상이하다.

---

76) 전기자동차 도입에 적극적인 인도, KOTRA, 2020.12.28.
77) KOTRA '인도 전기자동차 정책과 산업전망'

지역명	승인시기	세부 정책
안드라프라데쉬 (Andhra Pradesh)	2018년 6월	• 2024년까지 전기자동차 백만 대 운용 • 2024년까지 도로세 및 등록세 완전 면제 • 2024년까지 10만 개의 전기차 충전소 설치 • 2030년까지 역내 모든 버스를 전기차(e-bus)로 전환
비하르 (Bihar)	2019년 6월 (발의)	• 2022년까지 모든 사이클 릭샤(Paddle Rickshaw)를 e-릭샤로 전환 • e-릭샤 생산 촉진방안 마련 • 고속도로, 주거 밀집지, 상업지역 등에 전기차 고속 충전소 설립
구자라트 (Gujarat)	2019년 9월 (발의)	• 2022년까지 전기자동차 10만 대 운용(스쿠터 및 이륜차 8만 대 등) • 등록세 전면 감면 및 일부 세제 혜택 • 전기차 충전소 전기세 전면 감면 • 지방정부 차원의 인센티브 제공
카르나타카 (Karnataka)	2017년 9월	• 2030년까지 오토 릭샤, 택시, 스쿨버스 등을 전면 전기차 전환 목표 • GST에 대해 무이자 대출 제공 • 전기차 유관 스타트업에 재정 지원 • 벵갈루루 내에 112개의 충전소 설립
케랄라 (Kerala)	2019년 3월	• 2025년까지 e-버스 6000대 운용 • 도로세 및 통행료 면제 등 세제 혜택 • 전기차 부품 제조에 전폭적 지원 • e-모빌리티 허브 구축
마하라슈트라 (Maharashtra)	2018년 2월	• 정책 발효 5년간 도로세 및 등록세 면제 • 산업 유관 중소기업에 인센티브 제공 • 역내 주유소에 대해 필수로 전기차 충전소 설립 촉구 • 정책 발효 기간 내에 등록된 전기차 50만 대 달성

[표 27] 인도 주요 지역별 전기차 관련 정책

지역명	승인시기	세부 정책
뉴델리 (New Delhi)	2020년 8월	• '24년까지 전기차의 총 등록 차량에 대한 점유율 25%까지 상승 • 연내 버스의 50% e-버스로 전환 • 특정 용량의 배터리를 탑재한 전기차 구매자에 대해 인센티브 제공 • 구형 이륜차 폐차 시 인센티브 제공 • e-릭샤, 전기차 등 구매 시 약 400달러(3만 루피) 수준의 인센티브 제공
펀잡 (Punjab)	2019년 11월 (발의)	• 5년간 연간 전기차 등록 수 25% 달성 • 정책 발효 기간 내 전기 이륜차, e-택시의 매출 점유율 25%로 상승 • 개인·상용 전기차에 대해 각자 상이한 세제 혜택 제공
타밀나두 (Tamil Nadu)	2019년 9월	• 2030년까지 연간 5% 이상의 버스를 전기차 전환 목표 • 6개 주요 도시 내 오토 릭샤를 10년 내 전면 e-릭샤 전환 목표 • 산업 유관 스타트업에 재정 지원 • 2025년까지 모든 전기차 충전소에 대해 전기세 전면 면제
텔랑가나 (Telangana)	2020년 8월	• 2025년까지 전기차 매출 80% 달성 • 2025년까지 2만건의 유관 고용 창출 • 충전 인프라 산업에 대해 30억 달러 규모의 투자 유치

[표 28] 인도 주요 지역별 전기차 관련 정책

8 전기자동차 관련 이슈

8. 전기자동차 관련 이슈

가. 지속 가능한 배터리 생산을 위한 대책[78]

EU 집행위는 배터리 연구개발에 대한 대대적인 지원과 더불어 지난 2020년 12월보다 환경 친화적인 배터리 생산과 원자재 공급기업에 대한 의존도를 줄이기 위한 몇 가지 제안을 발표했다. EU 집행위의 계획에 따르면, 배터리 등 에너지 저장장치는 보다 친환경적으로 생산되고 보다 오래 사용 가능한 내구성을 갖춰야 한다는 것이 핵심이다.

이에 따라 EU 시장에 출시되는 모든 배터리에 대한 필수 요구사항[79]을 제안하고, 더 나아가 배터리 사용에 따른 환경 영향을 축소시키고자 하는 노력과 더불어 혁신적이고 지속 가능한 배터리 생산 능력 증대에 힘쓰고자 한다.

EU 집행위는 이 제안을 통해 배터리 가치사슬에서 순환경제를 촉진하고 지원을 보다 효율적으로 사용해 배터리가 환경이 미치는 영향을 가능한 한 최소화하고자 한다. 이러한 EU의 조치는 2050년 기후 중립성을 실현하는 데 큰 기여를 할 수 있을 것으로 예상되는 가운데, 아울러 보다 고기능성의 배터리는 도로교통의 전기화에 중요한 기여를 할 것으로 기대된다.

EU 환경 담당 집행위원 싱크비치오(Virginijus Sinkevicius)는 독일 Welt지와의 인터뷰를 통해 "배터리 생산을 위한 원자재는 사회적, 환경적으로 책임감 있는 방식으로 확보하고, 배터리 생산에 청정 에너지를 사용하며, 배터리가 보다 더 에너지 효율적이고 긴 수명을 갖도록 규정할 것"이라고 말했다. 즉, 배터리의 수명이 길 수록 폐기 처분되는 배터리는 줄어들 것으로 예상되고 있다.

이러한 배터리 소재 및 기술력 확보 뿐 만 아니라 증가하는 폐배터리 처리에 대한 중요성을 인지하여 바스프는 독일 슈바르츠하이데(Schwarzheide)에 2024년 초 가동을 목표로 상업적 규모의 배터리 재활용 블랙 매스 공장을 건설한다. 연간 15,000톤 규모의 전기차 배터리 생산 및 폐기물(스크랩) 처리 능력을 갖출 것으로 기대된다.[80] 동사 CEO 브루더밀러(Martin Brudermueller)는 소위 순환경제 솔루션으로 2030년까지 매출을 170억 유로까지 두 배로 늘릴 계획이라고 전했다.

---

78) 독일, 전기차시대 배터리 패권 경쟁, KOTRA, 2021.01.15
79) 2020년 12월 10일 EU 집행위는 유해 물질의 사용이 제한된 책임감 있는 재료 사용, 재활용 소재의 최소 함량 및 작은 탄소 발자국, 성능, 내구성 및 라벨링과 같은 요구 사항은 물론 재활용 소재의 수집 및 처리 등 재활용에 대한 새로운 요구 사항과 목표를 제안했다. 이러한 규제는 원칙적으로 보청기용 버튼 셀부터 자동차용 에너지장치에 이르는 모든 배터리에 적용될 예정이라고 한다. 그러나 배터리 유형에 따라 세부 규정은 달라지게 된다. 이 EU 제안서는 차후 2022년 1월 1일 신 EU 배터리법을 통해 시행될 예정이다. 이에 따라 예를 들자면, 배터리는 향후 디지털 제품 증명서를 갖게 되고, 생산 과정에서 얼마나 많은 CO_2 가 발생했는지 기록되며, CO_2 한계 수치는 추후 규제될 예정이라고 한다. 2024년 7월 1일부터는 탄소 발자국 선언이 작성된 산업용 충전식 및 견인 배터리만 시장에 출시가 가능할 전망이다. 더불어 EU는 배터리에 보다 더 많은 재활용 소재를 사용하도록 인센티브를 제공할 계획도 갖고 있다.
80) BASF TRADE NEWS '바스프 글로벌 전기차 수요 맞춰 배터리 투자 가속화'

브루더밀러는 전문가를 인용해 2030년까지 전기차에서 나오는 150만t 이상의 배터리 셀이 폐기 처분되어야 한다고 전하고 2030년까지 리튬, 코발트 및 니켈과 같은 귀중한 원자재를 경제적이고 환경친화적인 방식으로 회수하기 위한 솔루션이 필요하다고 강조한 바 있다.

이와 같이 EU는 '지속가능성'을 내걸며 재활용에 이르는 전체 밸류체인에 걸친 표준화 작업에 나서고 있는 양상이다. 이러한 EU의 계획이 시행될 경우 배터리 제조사는 여러 새로운 규제를 맞이할 것으로 보인다. 즉, 이전 보다 더 많은 비중의 폐 배터리가 수집되고 재활용될 것이며, 코발트, 리튬, 구리 및 니켈과 같은 원자재 회수를 위한 더 높은 목표 수치가 규제될 전망이다. 아직까지는 각 배터리 제조사가 생산하는 셀이나 모듈, 전체 시스템에는 차이가 있을 것이나, 이러한 EU의 노력 속에 배터리 재활용이 보다 효율화될 것으로 전망된다.

나. 테슬라와 한국 정부의 갈등[81][82]

 최근 미국이 보조금 대상에서 한국산 전기차를 제외한 가운데 우리 정부도 미국과 비슷한 방안을 검토하고 있다. 우리나라 정부는 현재 국내 전기차 보급을 늘리기 위해 국산과 수입 가리지 않고 가격 기준대로 보조금을 최대 700만 원 지급하고 있다. 5,500만 원 미만인 차량은 보조금을 100% 받고, 5,500만 원 이상 8,500만 원 미만 차량은 보조금이 절반만 지급된다.

 하지만 미국이 자국에서 생산된 전기차에만 보조금을 지급하기로 하면서 우리 정부도 맞대응으로 응수하는 방안을 선택지에 넣었다. 이렇게 되면 전량 수입되는 테슬라는 300만 원가량의 보조금을 받을 수 없게 된다.

 테슬라는 2022년 연간 기준으로 한국에서 1000억 원 규모의 보조금을 받을 전망이다. 정부가 서둘러 한·미 전기차 보조금 불균형을 해소할 대책을 마련해야 한다는 지적이 나온다.

1) 저공해차 보급목표제

 환경부와 산업부 등에 따르면 테슬라는 최근 정부가 친환경차 보급을 늘리기 위해 도입한 '저공해차 보급 목표제'가 불공정하다는 입장을 전달한 것으로 알려졌다. 저공해차 보급 목표제는 일정한 조건을 갖춘 국내 자동차 제작·수입 업체에 판매량의 일정 비중을 전기차·수소차 등 친환경차로 보급하도록 한 제도다. 목표를 달성한 업체에는 거래 가능한 크레딧을 지급해 인센티브를 주고, 목표를 달성하지 못한 업체에는 기여금을 내도록 해 구속력을 갖도록 했다. 기여금은 다른 업체가 확보한 크레딧을 사들여 낼 수도 있다.

 즉 정부가 정한 기준보다 친환경차를 더 만들었을 경우 초과 수량에 해당하는 만큼의 크레딧으로 추가 수익을 낼 수 있도록 한 제도다. 이 제도에 참여하기 위해서는 최근 3년간 평균 판매량 4500대 이상, 2009년 기준 자동차 판매량 4500대 이상이라는 두 조건을 모두 충족시켜야 한다.

 테슬라는 이 가운데 2009년 판매량 기준을 문제 삼았다. 당시 테슬라는 한국에서 차량을 판매하지 않았기 때문이다. 전기차만 판매하는 테슬라 입장에서는 저공해차 보급 목표제에 참여할 경우 차량 판매 외에도 추가 수익을 확보할 수 있다. 테슬라 측에서는 이 정책의 문제점을 지적하며 한미 자유무역협정(FTA)에서 정한 내국민 대우 원칙 위배까지 거론한 것으로 알려졌다. 한국 기업이 아니라 차별받고 있다는 뜻이다.

 일각에서는 테슬라가 이 제도에 참여할 경우 크레딧 거래를 통해 연간 최대 300억 원의 추가 수익을 낼 수 있다는 주장도 나왔다. 이에 저공해차 보급 목표제를 주관하는 환경부는 "테슬라가 보급목표 대상기업에서 제외된 것은 현행법상 요건에 부합하지 않기 때문이지 외국기업에 대한 차별조치가 아니다"라고 반박했다.

---

81) 한경산업 '한국은 전기차 보조금 봉...테슬라 年1000억 씩 쓸어간다'
82) 한국경제TV뉴스 '테슬라 보조금 못 받나... 국내 생산 전기차만 보조금 검토'

실제 이 제도에는 혼다 등도 참여하고 있다. 환경부는 또 크레딧 거래를 통한 테슬라의 예상 추가 수익 규모 300억원설에 대해서는 "억측"이라고 했다.

2) 전기차 구매 보조금

한국자동차산업협회에 따르면 정부가 2022년 상반기 수입 전기 승용차 업체에 지급한 보조금(국비+지방비)은 모두 822억5000만원에 달했다. 전체 전기차 보조금의 5분의 1 수준이다. 이 가운데 절반 이상인 447억7000만원이 미국산 전기차 업체에 지급됐다.

특히 테슬라가 441억9000만원에 달하는 보조금을 받아 갔다. 모델 3(4714대), 모델 Y(2032대) 등 6746대에 지급된 돈이다. 나머지는 제너럴모터스(GM)의 볼트 EUV(81대) 등에 들어갔다. 이 추세라면 테슬라는 2022년에 1000억 원가량 보조금을 받아 갈 전망이다

우리나라 정부는 5500만원 미만(보조금 상한 100%) 전기 승용차에 대해 연비, 주행거리 등에 따라 보조금을 지급하고 있다. 보조금은 국비 최대 700만원과 국비에 비례해 산출한 지방비로 구성된다. 서울시 기준 모델 3와 모델 Y는 각각 국비 315만원에 지방비 90만원을 더해 405만원을 받고 있다. 테슬라는 전기차만으로 상반기 수입 승용차 판매 5위에 오를 만큼 인기가 높아 보조금을 싹쓸이하는 모습이다. 2021년엔 1조842억 원의 매출을 기록하며 매출 1조원을 돌파했다.

3) 차량화재진압 대응연구 필요성

소방청으로부터 제출받은 자료에 따르면 2017년부터 2021년까지 5년간 국내 전기차 화재는 총 45건 발생했다. 이로 인해 3명이 다치고 약 15억원의 재산피해가 났다. 전기차 화재 진화에만 최대 2시간이 걸리고 물은 4만4700ℓ가 소요된다.

전기차 화재 45건 가운데 자체 진화와 사후 조사 중인 8건을 제외한 37건은 평균 진화 시간이 27분이었다. 최소 소요 시간은 1분 51분, 최대의 경우 2시간 11분 54초였다. 소방력은 평균 33.4명이 투입됐으며, 지난 2020년 서울 용산구에서 발생한 테슬라 전기차 교통사고에서 가장 많은 인원인 84명이 투입됐다.

전기차 화재 원인으로는 미상 11건을 제외하고 ▲전기적 요인 10 ▲부주의 8 ▲교통사고 7 ▲기계적 요인 4 ▲화학적 요인 3 ▲기타 2건 순이었다.

소방은 질식소화포를 덮고 진압했을 때 평균 2만6200ℓ, 질식소화포를 덮지 않고 진압했을 땐 평균 2만2340ℓ의 물을 사용했다. 가장 많은 물이 사용된 사례는 2020년 서울 용산구 테슬라 전기차 교통사고로 4만4700ℓ였다. 이로써 국민 안전과 친환경차 보급 확대를 위해 전기차 화재 원인과 대응에 대한 연구가 집중적으로 이뤄져야 한다.[83]

---

83) FPN/소방방재신문·119플러스 '전기차 화재 진압에 최대 2시간·물 4만4700L 소요 대응연구필요'

9 참고문헌

9. 참고문헌

1) 전기자동차산업 동향과 대구의 육성가능성 분석, 대구경북연구원, 2015
2) 전기자동차산업 동향과 대구의 육성가능성 분석, 대구경북연구원, 2015
3) 전기차 시장 전망 2030년을 대비하기 위한 전략, 딜로이트 인사이트, 2020
4) Deloitte Insights(2022.02)「2022 글로벌 자동차 소비자 조사 '세계주요국 중심으로」
5) smart city korea 해외스마트도시소식 '전기차 시장의 순항, 순환에 달렸다'
6) 미세먼지 저감, 전기차 수소차 어디까지 왔나, 경기연구원, 2020.02.19
7) BIZWORLD '지난해 전기차 신규등록 10만대... 자동차 등록대수 2491만대 돌파'
8) 워크투데이 '국내전기차 보급대수 20만대... 경기도3만5000대, 서울 3만3000대'
9) smart KPX 전력거래소「전기차 및 충전기 보급이용현황 분석」
10) 전기차 시장 전망 2030년을 대비하기 위한 전략, 딜로이트 인사이트, 2020
11) e4ds news '2021년 글로벌 BEV 판매량 전년比 112%↑'
12) 포스트 코로나 전기차 전망, 유진투자증권, 2020.05.29
13) TECHWORLD '전기차 9대당 충전소는 1곳뿐... 세계는 충전갈등'
14) 조선비즈 '[강세토픽] 전기차-인프라테마, 에스트래픽 +15.28%, 에이프로 +6.38%'
15) 한국은행 국제경제리뷰「글로벌 친환경차 시장 동향 및 특징」p19
16) 전기차 시장 전망 2030년을 대비하기 위한 전략, 딜로이트 인사이트, 2020
17) 포스트 코로나 전기차 전망, 유진투자증권, 2020.05.29
18) THE GURU '유럽 내 전기차 시장 디젤 추월 초읽기... 10대 중 1대 전기차'
19) KITA.net 무역뉴스 '1~6월 유럽 신차 판매 14% 급감... 공급망 혼란 장기화'
20) MOTORGRAPH '[이완칼럼] 요즘 독일에서 잘 나가는 자동차들'
21) 한국경제TV뉴스 '[하이빔] 전기차 보조금 없앤 영국, 한국은?'
22) 아주경제 '[韓넘보는 中전기차] 中판매량 500만대 돌파전망...韓수출 위협한다'
23) KOTRA 해외시장뉴스 '중국 전기차 시장동향'
24) 전기신문 '테슬라 GM 리비안 다 올랐다... 미국 전기차 가격 상승 가속화'
25) 헝가리, 전기차 지원 정책과 시장동향, KOTRA, 2020.06.15
26) KOTRA '헝가리 전기차 충전기 시장 동향'
27) KOTRA '헝가리 친환경 이동수단 보급 동향 및 정책'
28) 태국 전기차 시장, 2030년 75만 대 생산 계획, KOTRA, 2021.02.04
29) KOTRA '2021년 태국 자동차 산업 정보'
30) 전기자동차 도입에 적극적인 인도, KOTRA, 2020.12.28
31) 뉴시스 '심각한 대기오염 시달리는 인도에도 전기차 바람 분다'
32) NDTV Profit '17 Million Electric Vehicles To Be Sold By 2030 In India: Report'
33) 포스트 코로나 전기차 전망, 유진투자증권, 2020.05.29
34) 쿠키뉴스 '1~4월 배터리점유율 CATL 1위, LG엔솔 2위... 격차 벌어져'
35) 한경산업 '2030년 전세계 전기차 배터리업체 생산능력, 작년대비 8배로 성장'
36) 머니투데이 'LG엔솔 수주잔고 260조...K배터리 700조 시대 눈앞에'
37) 유럽 전기차 배터리 시장동향, KOTRA, 2021.01.07
38) 이코노미스트 '한달 새 44% 오른 리튬가격, K-배터리 업체 대응책은?'

39) AEM '롤랜드버거, 리튬이온 배터리 원자재 공급 병목 경고'

40) MATERIAL ISSUE IN 2018, 삼성 SDI

41) 투데이에너지 '[기획]시장 무너진 ESS활성화 방안 고심해야'

42) 뉴스핌 'ESS 국내시장 위축에... 삼성SEI·LG화학, 글로벌 점유율 하락'

43) 서울파이낸스 '신재생 단짝 ESS 전세계 주목...국내 시장은 정체'

44) 전기자동차 충전인프라 보급현황 및 기술동향, KIPE, 2019

45) 에너지신문 '2021년 전세계 전기차 660만대 판매... 2년전보다 3배 늘어'

46) TECHWORLD '전기차 9대당 충전소는 1곳뿐...세계는 충전갈등'

47) BUSINESS watch '전기차 충전인프라 늘릴 대안은...'

48) e4dsnews '[EV·전기차 충전기 워크숍] 한전, 전기차 충전 인프라 확대 박차'

49) 전 세계 전기자동차 충전기술 분석 및 2025 전망, KEPCO Journal on Electric Power and Energy, 2020.03

50) IT chosun '전기차 무선충전 표준 놓고 한미일 삼국지'

51) 전기차 배터리 구성, 셀? 모듈? 팩? 바로 알자!, 삼성 SDI

52) 전기자동차 시장 및 배터리 관련 기술 연구 동향, 김양화 외 3인, Trans. of Korean Hydrogen and New Energy Society, Vol. 30, No. 4, 2019, pp. 362~368

53) 포스코케미칼 뉴스룸 '2022년 전기차 배터리 속 그것, 무엇을 어떻게 어디서 누가 만들까? 포스코케미칼-인터배터리2022'

54) 전기차 전용플랫폼 개발 동향 및 전망, KDB산업은행, 2020.09.21

55) PAXNet news '쏟아지는 신차...속도 붙는 전용플랫폼 경쟁'

56) 전기자동차 충전인프라 보급현황 및 기술동향, KIPE, 2019

57) 현대자동차그룹, 전기차 전용 플랫폼 'E-GMP' 최초 공개, HMG 저널, 2020.12.02

58) [단독] 현대車 차세대 전기차가 온다…충전은 15분, 실내는 팰리세이드급, 한국경제, 2020.05.10

59) 파이낸셜뉴스 '현대차·제네시스, 전기차 17종 출격...eM·eS 새 플랫폼 만든다'

60) '전기차 충전 콘센트' 스타코프, 인프라 확충 선두주자, 더벨, 2020.11.20

61) 강원도,스타코프와 생활거점형 전기차 충전인프라 무상 구축 협약, 강원도민일보, 2020.11.27

62) tech42 '테슬라, 전기차 사상최초 누적 판매량 300만대 눈 앞'

63) 네이버 '테슬라모델Y, 모델3 얼마나 팔릴까? 6월 글로벌 전기차 판매량 동향'

64) 쿠키뉴스 '폭스바겐, ID.4로 전기차 시장 도전장... 하반기 경쟁 치열'

65) 전기차와 이차전지, 키움증권, 2020.06.04

66) 조선비즈 'GM, 새로운 전기차 블레이저 EV공개...내년 북미 시장에 출시'

67) MOTOYA '유럽포드, 2024년까지 신형 전기차 9종 출시한다'

68) 환경부 보도설명 '2022년 무공해차 50만 시대가 열린다'

69) 미래전략산업 브리프, 산업연구원, 2020.04

70) 미래전략산업 브리프, 산업연구원, 2020.10

71) designdb 해외디자인뉴스 '2022년 스웨덴에서 달라지는 것들'

72) 세계 에너지시장 인사이트 제 22-6호 2022.3.28.「중국의 2022년도 에너지 정책 추진 방향 분석」

73) 헝가리, 전기차 지원 정책과 시장동향, KOTRA, 2020.06.15

74) 태국 전기차 시장, 2030년 75만 대 생산 계획, KOTRA, 2021.02.04

75) AIF 아세안 '[이슈트렌드] 태국, 2030년까지 전기차 생산 비중을 30%로 늘리기 위해 대규모 예산 편성

76) 전기자동차 도입에 적극적인 인도, KOTRA, 2020.12.28.

77) KOTRA '인도 전기자동차 정책과 산업전망'

78) 독일, 전기차시대 배터리 패권 경쟁, KOTRA, 2021.01.15

79) BASF TRADE NEWS '바스프 글로벌 전기차 수요 맞춰 배터리 투자 가속화'

80) 한경산업 '한국은 전기차 보조금 봉...테슬라 年1000억 씩 쓸어간다'

81) 한국경제TV뉴스 '테슬라 보조금 못 받나... 국내 생산 전기차만 보조금 검토'

82) FPN/소방방재신문·119플러스 '전기차 화재 진압에 최대 2시간·물 4만4700L 소요 대응 연구필요'

초판 1쇄 인쇄 2021년 3월 10일
초판 1쇄 발행 2021년 3월 15일
개정판 발행 2022년 10월 4일

편저 비피기술거래 비피제이기술거래
펴낸곳 비티타임즈
발행자번호 959406
주소 전북 전주시 서신동 780-2 3층
대표전화 063 277 3557
팩스 063 277 3558
이메일 bpj3558@naver.com
ISBN 979-11-6345-385-7 (93550)

이 도서의 국립중앙도서관 출판예정도서목록(CIP)은 서지정보유통지원시스템홈페이지
(http://seoji.nl.go.kr)와국가자료공동목록시스템 (http://www.nl.go.kr/kolisnet)에서 이용하
실 수 있습니다.